建筑学专业 ATN·CDIO 人才培养模式改革系列教材

# 建筑设计课程指导用书

## （二年级）

主　编　何　璘　吴　迪

参　编　赵　玲　黎玉洁　贺　方

U0304949

华中科技大学出版社

中国·武汉

# 内 容 简 介

　　本书结合建筑学专业本科二年级学生建筑设计课程的特点，归纳总结十余年一线教学经验而成。从原理讲解到思维启发，从理性分析到感性审美，借助不同的设计课题，为初涉建筑设计的学生打开一扇门，引导学生逐渐掌握建筑设计思维和方法。

　　本书在课题选择上秉承先易后难、先小后大的原则，从设计原理、设计规范、设计任务书、作业范例、作业点评等几个方面入手，对每个课题进行剖析和讲解，帮助学生理解和掌握每个课题的重难点。课题内容主要包括别墅设计、餐饮建筑设计、中小学建筑设计、文化馆建筑设计等。

**图书在版编目（CIP）数据**

建筑设计课程指导用书.二年级/何璘,吴迪主编.—武汉：华中科技大学出版社,2018.6
建筑学专业 ATN·CDIO 人才培养模式改革系列教材
ISBN 978-7-5680-4201-7

Ⅰ.①建…　Ⅱ.①何…　②吴…　Ⅲ.①建筑设计-高等学校-教材　Ⅳ.①TU2

中国版本图书馆 CIP 数据核字（2018）第 131876 号

**建筑设计课程指导用书（二年级）** 　　　　　　　　　　　　　　　　　　　　　　何　璘　吴　迪　主编
Jianzhu Sheji Kecheng Zhidao Yongshu(ernianji)

策划编辑：简晓思
责任编辑：简晓思
封面设计：原色设计
责任校对：曾　婷
责任监印：朱　玢
出版发行：华中科技大学出版社（中国·武汉）　　　　电话：(027)81321913
　　　　　武汉市东湖新技术开发区华工科技园　　　　邮编：430223
录　　排：武汉正风天下文化发展有限公司
印　　刷：武汉科源印刷设计有限公司
开　　本：889mm×1194mm　1/16
印　　张：13
字　　数：397 千字
版　　次：2018 年 6 月第 1 版第 1 次印刷
定　　价：88.00 元

# 前　　言

　　建筑涉及人们生产生活的方方面面,是人们生产生活必不可少的一部分。建筑的学习是一个循序渐进的过程,涉及美学、建筑技术、人文、社会、环境等多个方面。本科二年级的建筑设计学习又有其特殊性,即处于建筑设计学习的起步阶段。在该阶段,除了掌握建筑设计的基本原理和方法外,还应逐渐培养方案设计能力、空间创造能力、动手能力、交流能力等,为后面阶段的学习打下坚实的基础。笔者结合十多年的建筑教学经验,在归纳总结 ATN·CDIO 人才培养模式教学成果的基础上,撰写了本书。本书的主要目的在于解决建筑学专业和城乡规划专业本科二年级学生在设计过程中学习目标不够明确,建筑设计入门较慢的问题。

　　本书从二年级的学习目标出发,以设计课题为基础,针对二年级学生的特点进行编制。全书共分为以下两个部分。

　　第一部分为二年级学生在进入设计课学习时应该具备的基本技能要求,这些技能要求都是二年级建筑设计课的基础。此部分内容可以帮助学生迅速学习和掌握二年级建筑设计课程的内容,从而缩短学生了解建筑设计、了解建筑设计学习的时间,提高学习效率。

　　第二部分为本书的核心部分,以别墅设计、餐饮建筑设计、中小学建筑设计、文化馆建筑设计四个设计课题为基础,分别介绍了二年级上学期和二年级下学期的设计课题及课题要求。这四个课题是笔者结合当代社会发展需求、教学规律、学生学习情况等诸多因素最终选定的,符合二年级学生学习建筑设计课程的需求。每个课题分别从设计原理、设计规范、设计任务书、作业范例和评析四个方面进行描述。

　　本书可供建筑学专业、城乡规划专业本科二年级建筑设计课程教学辅导之用,也可作为对建筑设计感兴趣者的入门读物。本书第一部分第 1 章由赵玲编写,第一部分第 2 章、第 3 章及第二部分第 5 章由吴迪编写,第二部分第 4 章由黎玉洁编写,第二部分第 6 章由何璘编写,第二部分第 7 章由贺方编写。

　　由于能力和时间有限,本书在编写过程中难免存在瑕疵,望各位同行批评指正!

何　璘　吴　迪

2018 年 3 月于贵州民族大学

# 目　　录

## 第一部分　基本技能要求

## 第二部分　设计课题

### 二年级上学期设计课题

## 二年级下学期设计课题

# 第一部分

## 基本技能要求

# 第1章　建筑画

建筑画,是绘画艺术与建筑艺术在漫长的发展过程中逐渐形成的一种因功能需要而独立出来的建筑设计表现方式。它是建筑设计人员、规划设计人员用来表达设计意图的应用绘画。与一般的绘画相比,建设画自身具有专业性的特点,它吸取了建筑工程制图中表达严谨及表现尽可能真实、准确的优点。因为在作画时不能带有主观随意性,也不能离开设计去随意表现对象,因此建筑画还具有科学性。但是,建筑画作为建筑设计意图的一种表现形式,与工整、严谨的建筑工程制图相比较而言,带有一定的艺术表现性,如建筑画具有厚重、轻快、明暗色块概括丰富的特点。因此,相对于建筑工程制图来说,建筑画集科学性与艺术性为一体,有着自身特有的意义与价值。

建筑画首先需要具备的第一要素是"形"。这里的"形"指建筑物的实体形状,包括建筑物的外部轮廓,也包括建筑物内部空间不同形状的分割。要具备建筑物"形"的塑造能力,掌握透视原理是关键。建筑与规划设计中建筑物的组合形状源于各种不同形状的几何体,准确掌握不同物体不同角度的透视是建筑与规划设计专业学习的重要内容。

## 1.1　建筑设计常用的几种透视

建筑画透视与绘画艺术的透视有所区别:绘画艺术对物体的透视可以根据艺术家自己的思考及个性来进行选择;而建筑画中的透视,是需要科学的绘画方法、严谨的思考角度,以及最能体现建筑面与空间形象的特点,尽最大可能使设计理念得到充分完善的表现。

在画好建筑透视图之前,我们应该先搞清楚建筑"透视"的含义。"透视"(perspective)一词原于拉丁文"perspclre"(看透),指在平面或曲面上描绘物体空间关系的方法或技术。建筑物多为三维空间立方体,根据观察角度的不同,在建筑画中常用的透视有一点透视(也称平行透视)、两点透视(也称成角透视)以及三点透视三种。

(1)一点透视

一点透视是由于建筑物与画面间相对位置的变化,其长、宽、高三组主要方向的轮廓线,与画面可能平行,也可能不平行,这样画出的透视称为一点透视(图1-1)。在此情况下,建筑物就有一个方向的立面平行于画面,故一点透视也被称为正面透视。常规的一点透视室外场景有宽阔的街道(图1-2)、狭窄的巷子(图1-3)、平直的公路、路旁的行道树(图1-4)以及路灯杆的排列。室内有宽敞的大厅(图1-5)、通透的廊道以及客厅、公寓、卧室等表现时常用一点透视成图。

(2)两点透视

如果建筑物仅有铅垂轮廓线与画面平行,而另外两组水平的主向轮廓线均与画面斜交,那么会在画面上形成两个灭点(也叫余点),这两个灭点都在视平线上,这样形成的透视图称为两点透视(图1-6)。在此情况下,建筑物的两个立角均与画面成一定的倾斜角度,故又称成角透视。这种成角透视随着形成角的大小变化,两个消失点方向建筑物的面积也发生远近大小变化(图1-7、图1-8)。在建筑设计中,两点透视是用得最多的一种透视方法(图1-9、图1-10)。

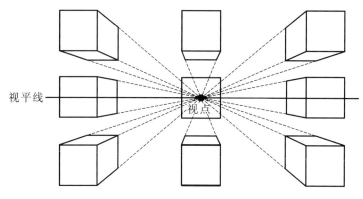

视平线　　视点

图 1-1　一点透视

图 1-2　宽阔的街道(一点透视线稿手绘)

视平线　灭点

图 1-3　狭窄的巷子(一点透视)

视平线　灭点

图 1-4　行道树(一点透视)

图 1-5　室内空间（一点透视线稿手绘）

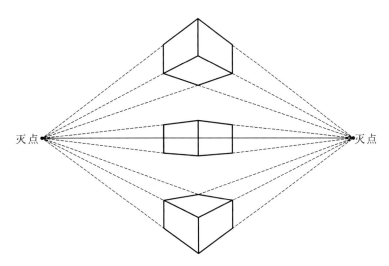

图 1-6　两点透视多层次建筑

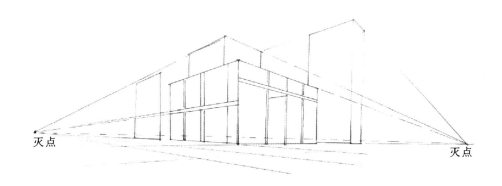

图 1-7　建筑（两点透视）

图 1-8　多层次变化建筑体(两点透视)

图 1-9　两点透视建筑实景图一

图 1-10　两点透视建筑实景图二

（3）三点透视

三点透视一般用于绘制超高层建筑或者大面积建筑群的鸟瞰建筑图、鸟瞰规划图以及建筑仰视图。第三个灭点必须和画面保持垂直的主视线，必须使其和视角的二等分线保持一致（图 1-11）。用三点透视法来表现高层建筑，可以加强建筑空间的纵深感。三点透视法在画图过程中，会因建筑物过高而导致其变形，因而不常用（图 1-12）。规划设计、园林景观由于面积大、建筑物多，因而几乎全部采用鸟瞰图来做设计总平面图或总规划图（图 1-13、图 1-14）。

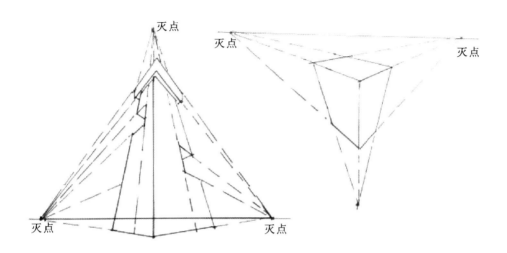

图 1-11 三点透视仰视图、俯视图

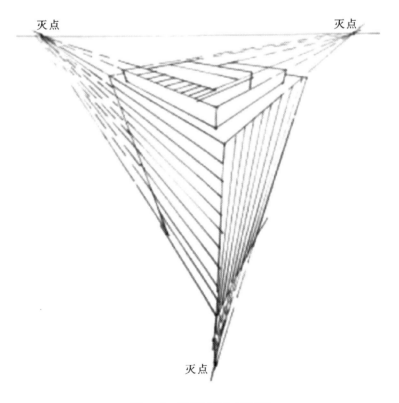

图 1-12 俯视图（三点透视）

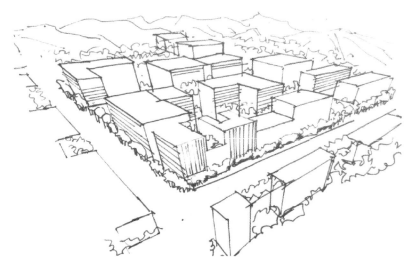

图 1-13　规划鸟瞰手绘图(三点透视)

图 1-14　规划鸟瞰效果图(三点透视)

 **1.2　选择合适的透视角度**

对于建筑设计与规划设计初学者来说,由于绘画功底薄弱,因此他们想要画好透视图是非常不容易的。在绘制建筑透视画时,初学者应掌握常用的几种透视法的画图特征,加以体块练习,然后在设计过程中选取合适的透视角度,逐步掌握绘制看似复杂的透视图。选取合适的透视角度,需要掌握以下几个要点。

(1) 建筑物与画面角度的改变对透视的影响

① 当所绘建筑物与画面的夹角比较小的时候,建筑物的正面面积比侧面面积大。

② 当建筑物与画面的夹角增大时,建筑物的正面面积逐渐变小,侧面面积逐渐增大。

③ 当建筑物与画面的夹角增大到一定程度时,建筑物的正面面积随着夹角的增大而开始变得比侧

面面积小,从而变成建筑物的侧面,之前的侧面则变成建筑物的正面。并且,随着夹角的持续增大,两个面的面积会变成夹角最初两个面相反的比例(图 1-15)。

由此得出,一栋建筑物可以从任何一个方向和角度去观察。相当于视点不动,原地转动建筑物来不断改变与画面形成的视角,随着转动而得到不同的透视效果(图 1-16)。掌握这个透视变化成角规律后,如何选择透视角度,则看设计者想要重点表达建筑物的哪一个面。

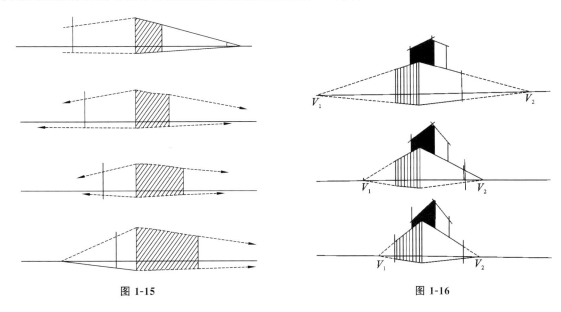

图 1-15                                                      图 1-16

（2）视距的选择

在远近不同的距离内观察建筑物,视觉感受是不一样的。以两点透视为例,视距越大,两个灭点的距离就越远,建筑物往灭点方向的线越平缓,这样的建筑物外形看起来相对平矮,如图 1-7 所示。反之,视距越小,两个灭点相距越近,建筑物往灭点方向的线条越陡,则建筑物看起来越高耸,如图 1-18 所示。如何选择视距,则主要取决于设计需要表现的建筑物属于高大陡峭型还是低矮平缓型。

图 1-17　视距小（灭点近）

图 1-18　常规视高,视距大(灭点远)

（3）视高的选择

视点高度的选择影响着透视图最终呈现的效果。视高即视平线的高度。常规视高有三个角度,分别为低视高、常规视高及高视高。视高比较低的角度容易使建筑物显得高大。常规视高按一般人身高 1.6 米左右来确定,这样的视高属于平常人观察的习惯高度,画出来的透视图给人以比较真实的观看感与亲切感,在快速方案设计表现中使建筑设计被交流的对方理解与接受。当视高升高到超过建筑物的高度时,就需要绘制鸟瞰图(图 1-19、图 1-20),鸟瞰图有利于表现三维空间,如建筑设计的总平面图、规划设计的鸟瞰图、园林景观的总平面图等。在鸟瞰图上,主次建筑物、主次道路、中心绿化、中心广场、主干河流、分支水系等一系列的关系一目了然。一般规划设计与园林景观设计常常取"高"视高的透视角度。

图 1-19　高视高效果图一

图 1-20　高视高效果图二

# 第 2 章　模　型

在本科一年级的相关课程中,学生们对模型已有了一定的了解。本章重点并不在于重复地描述模型的作用、制作、材料选择等基本问题,而是结合学生们在设计课程中出现的对模型认识的不足,阐述模型在建筑设计过程中的重要作用。

在设计课教学过程中,我们发现并总结了本科二年级学生容易出现的一些共性问题,具体如下。

## 2.1　有迫切使用电脑绘图的欲望

电脑绘图和建筑信息化技术是建筑领域发展的趋势。但是,在进行电脑绘图之前,我们需要对电脑绘图有一个充分的认识。

首先,电脑绘图是建筑图纸的一种表达方式,并不是建筑设计的全部。“绘图”二字本身着重在“图”,而“绘”只是实现成“图”的一种手段。不论是用电脑来绘,还是使用纸笔来绘,关键之处都在“图”,而图的形成则是以设计为基础的。本科二年级的学生刚刚开始学习建筑设计,学习的重点应该放在“设计”本身,而不是在还不明白“什么是设计”“怎么设计”“设计什么”的时候,就给自己套上了学习制图的枷锁,最终和学习目的南辕北辙。

其次,电脑绘图不宜在方案构思的过程中使用。方案构思是一个完整、连续的过程,在构思过程中常常会形成灵机一闪的所谓灵感,来得快去得也快,需要用最快速的方式记录下来。显然,电脑绘图没有手绘来得方便。使用纸笔来勾画构思过程,不但能抓住灵感,还能用寥寥几笔清晰地记录和反映整个构思过程。在整个方案设计过程中,构思可以随时查看和深入修改。而且,方案构思是需要反复修改、逐渐深入和推进的。只有经过深思熟虑的方案构思,才能为后期设计的顺利进行、少走弯路甚至是避免半途而废,提供最大的保障。我们并不赞成在方案设计的初学阶段,在绘图软件都不熟悉的情况下,强行使用电脑进行绘图。大家要明白,我们是设计师,而不是绘图员!

在教学过程中,我们惊讶地发现,很多同学使用电脑绘图的另一个主要原因竟然是手绘基础不好或者是电脑可以复制粘贴!细想,还是因为大家没有深刻地意识到电脑绘图和纸笔绘图的区别及联系。有的同学不能手绘效果图,连透视关系都抓不准,在“迫不得已”的情况下,“被逼”用 CAD 作图,再用 SketchUp 形成体块模型,最后再导出体块模型,“翻译”成纸笔成图。这一过程听起来都累!当然,这种方法也绝对不是解决手绘不好的可行性方案!手绘基础是任何一个建筑设计师和规划设计师必备的基本专业技能,不能快速表达脑中所想方案,失去的不只是机会,还有技能!旁门左道的做法能应付一时,但是问题始终没有得到解决。最好的解决方法是打消“我不会”的念头,不停告诉自己“我一定要会”“我肯定可以”,坚持手绘练习。

那么,大家在二年级想学电脑绘图的这种迫切愿望是不是就不能满足了呢?答案当然是否定的。不论是大一学生还是大二学生,想学并开始学习电脑绘图,从本质上来说都是很好的。但是,在二年级学习设计之初,一定要在达到方案设计教学内容要求的基础上去学,先学会设计,再利用课余时间学习和熟悉相关软件。一定要明确,软件只是一种辅助设计的工具,它弥补不了设计的不足,更弥补不了手绘基础差的现实。电脑建模所形成三维模型,虽然较二维而言更加形象和直观,但是其更有利于用于最终展示模型,而不是用于方法推敲阶段。所以,在方案构思和推敲阶段,我们不提倡、不赞成、不同意大家使用电脑绘图,目的除了教学需要,还想给大家培养一种良好的设计习惯。

## 2.2 对设计过程的重要性认识不足

一个建筑方案的形成必定是从调研到构思，到形成初步方案，再到反复推敲修改方案，最终形成方案的过程。在这一过程中，任何一个阶段的缺失和不足，都必将为方案后期的深入带来很大的障碍，甚至可能导致方案半途而废。建筑是一个完整的整体，建筑的功能性、技术性和艺术性决定了整个建筑不能好看而不适用，也不能适用而不好看，更不能将建筑拆开来单独看待和评价它的平面、立面及造型。但是在设计过程中，往往出现将平面、立面和造型分开来设计的现象，而且这种现象还存在普遍性。于是，造成了花好几周才完成和调整好的平面功能，在升起来变成一个建筑之后，出现造型丑陋、立面单调甚至是不协调的现象。出现这个问题的根本原因在于，设计之前就没有将建筑当成一个完整的整体来看待。什么叫完整？从使用功能到立面造型再到形体，都能兼顾，才叫完整。谈到这个问题，不得不提一下设计过程中过程模型的重要性，这也是大家经常忽视的一个重点。

模型分为展示模型和过程模型两种（表 2-1）。然而，大家对模型的理解似乎更多的偏向于展示模型。当设计作品完成以后，用于展现和更好地说明设计的最终效果时，我们所使用的三维模型就是展示模型。展示模型制作精度高，制作时间也较长。与展示模型相比，过程模型似乎有点"上不了台面"，因为它制作简单，有的甚至只反映建筑的体量关系。它的存在价值似乎就是为了被修改。然而，就是这样简单的过程模型，却是在设计过程中解决上述平面、立面、造型分家的有效措施。方案构思阶段、初步成型阶段、推敲修改阶段、深入阶段，每个阶段出现的过程模型都将该阶段的平面、立面和造型有效地结合在一起。过程模型在方案设计阶段的使用，能在潜意识中避免将建筑拆分设计的弊端。而且，过程模型虽然简陋，但是它能直观地反映各阶段设计方案的样貌，能够弥补设计师空间想象力不足的缺点。很多时候，在方案构思阶段，甚至要求学生进行多方案比较。当几个方案的阶段模型同时展现在大家面前时，学生往往不用老师评点，就能很客观地指出几个方案的优劣。

表 2-1　展示模型和过程模型的比较

| 类　型 | 使用阶段 | 精细程度 | 作　　用 |
|---|---|---|---|
| 展示模型 | 设计完成之后 | 要求精度高 | 用于直观呈现设计成果 |
| 过程模型 | 设计过程中 | 要求精度低 | 用于推敲设计平面、立面和造型的整体关系 |

所以，在建筑设计教学和学习过程中，我们更加注重过程模型对学生设计能力以及空间想象能力的培养及提升所起到的作用。这一点，却往往被学生所忽视，每每让人痛心疾首！大家看到的都是展示模型华美的外衣和高超的绘图技巧，却忽视了那华美外衣下所隐藏的建筑设计能力培养——这个核心的实质问题！

## 2.3 空间想象力和空间感还处于逐渐培养和建立的阶段

二年级学生在经历了一年级建筑基础教学的洗礼之后，已经对建筑有了初步理解，正处于借助建筑设计课程，在设计中逐渐培养设计能力和空间想象能力的阶段。处于该阶段的同学，如果在设计上走了弯路,往往要绕很长一段路才能回到正轨。所以,通过二年级的设计课教学,除了要学习基本的设计原理和设计方法外,还要养成良好的设计习惯,避免走不必要的弯路。过程模型制作简单,耗时、耗力、耗财都不大,却能直观地将大脑中抽象的设计表现出来。这种直观性和可操作性,对空间想象力和空间感的培养是非常有利的,还能使方案设计避免平面、立面和造型的脱节,为后期方案的深入和调整奠定良好的基础。

　　过程模型是解决二年级学生在初学设计的过程中出现的诸多问题的有效方法,也是设计中推敲方案必不可少的东西。模型的分类有很多种,制作模型的过程也是锻炼的过程。希望大家在设计之初就学会使用并逐渐用好过程模型,它将是学习道路和设计生涯的一大助力。

# 第 3 章　调　研

在进行建筑设计之前,我们需要进行充分的调研。调研是调查研究的简称,建筑设计的调研指通过各种调查方式,系统、客观地收集与待设计项目相关的信息,并进行研究分析,最终对待设计项目的设计方案形成指导,有助于设计方案的形成和完善。本章将针对调研的目的、调研的内容和调研的方式进行阐述。

## 3.1　调研的目的

建筑调研可以有很多不同的用途,不同专业进行的建筑调研,其作用肯定是不同的,就是同一专业,在不同阶段进行的建筑调研,其作用也不同。现就建筑设计课题,谈谈建筑调研在建筑方案设计阶段的目的。

建筑设计的目的是设计出满足人生理需求和心理需求的建筑,我们常常以"适用、经济、美观"作为建筑设计的评价标准。然而,作为设计者,在进行方案设计之前,除了招标文件(或课题任务书),我们手上几乎没有其他关于待做项目的资料。巧妇难为无米之炊,所以,我们需要去收集待设计项目的相关信息和资料,然后结合招标文件(或课题任务书),客观地对这些信息进行提炼和研究,发现问题,启发方案构思,并通过方案设计达到最终解决问题的目的(图3-1)。用简单的话说,就是通过调研,为建筑设计明确方向,以确保设计出来的建筑满足"适用、经济、美观"的要求。

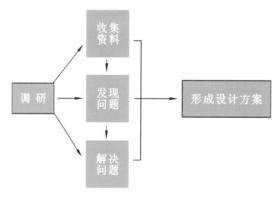

图 3-1　调研的目的

## 3.2　调研的内容

通过调研,需要明确建筑设计的方向。所以,调研的内容将直接服务于为建筑设计指明方向这一目的。也就是说,所有可能影响到待设计项目的因素,都要尽可能地进行调研。于是,这便构成了调研的主要内容。

那么什么是可能影响到待设计项目的因素呢？不同类型的建筑,其主要影响因素的侧重点会有所不同。而且,每个项目必然都有其特殊的情况,那么我们又该如何确定调研的内容呢？清华大学田学哲老师在《建筑初步》一书中开篇即深入浅出地指出建筑构成的基本要素包括建筑的功能(人体活动尺度的要求、人的生理要求、使用过程和特点的要求)、物质技术条件(建筑结构、建筑材料)和建筑形象,同时,建筑还会受到环境、技术、艺术、社会(社会生产方式、社会思想意识、民族文化特征、地区自然条件)等多方面因素的影响。这些即我们进行建筑调研的基本内容。在图 3-2 中,列举了一些常用的调研内容,它们都是围绕调研目的来展开的,其中还有一些没有标注名称的因素,需根据不同项目的具体情况进行判断。

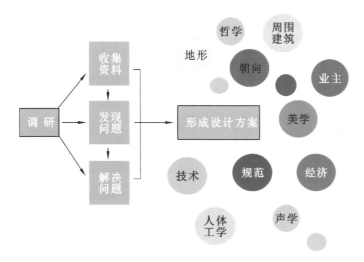

图 3-2　调研的内容

# 3.3 调研的方式

调研的方式有很多,在建筑设计调研中,常用的方式有如下三种。

(1) 实地调研

实地调研,顾名思义即到实地进行调研。这里所指的实地又包含两个方面:一方面,是指待做工程的用地现场,在调研过程中,除了观察周围环境外,还需了解地质情况、人流情况、车流情况等基本信息,为设计提供第一手资料;另一方面,是指待做工程类似的已建成建筑,充分了解该类型项目在本地区的发展状态和基本情况,取长补短,明确优势。

(2) 通过图书资料调研

图书资料可以是该类型建筑大师的设计作品,也可以是该类型建筑近期的设计作品,都能对设计起到很大的启发和帮助。

(3) 通过互联网调研

互联网具有方便、快捷的优点,通过互联网能了解国内外该类型建筑最新的发展趋势和研究方向,帮助我们更全面地了解国内外最新、最好的设计方案。但是,在使用互联网调研时,一定要注意资料的合法性和权威性,这样才能避免在设计中走弯路。

调研是我们收集资料、发现问题的第一步,也是设计的前期准备工作。调研资料收集不充分、时效性不强、权威性不强都有可能导致方案还没有开始设计,就注定是一条弯路(甚至是死路)。只有正确的方向,才能给予我们的方案设计正确的引导;只有正确的方向,才能保证我们所解决的问题(设计)是有意义的。

第二部分

设计课题

# 二年级上学期设计课题

# 第 *4* 章　别 墅 设 计

 **4.1** 设计原理

### 1. 别墅的设计要点

别墅属于居住类建筑的一种,通过对别墅设计的学习,学生能够系统地了解建筑设计的基本方法、程序以及居住建筑的设计要点。

① 了解独院式居住建筑的设计特点,掌握空间的组合方法。

② 了解居住建筑的功能组织原则以及流线设计特点。

③ 了解人体工程学并通过对室内家具的布置,了解空间的尺寸及具体要求。

④ 学习如何将建筑从内到外、从平面到空间、从功能到形式作为一个整体去衡量和考虑。

⑤ 了解建筑的形式美原则。

### 2. 别墅的定义与类别

别墅是一种高级独院式小住宅,其内部涵盖了较为全面的居住空间,外部拥有良好的室外环境,是生活品质较高的居所。别墅包含了以下特点。

① 一栋建筑归属于一家人使用,内部涵盖了较为齐全的功能,舒适性较强。

② 别墅往往位于郊区,有着良好的室外环境和庭院空间。

③ 别墅属于低层建筑,一般以 2～3 层为主。

别墅的类型多样,按照现有的常见类型可以分为独栋式别墅、双拼式别墅、联排式别墅、叠加式别墅。

① 独栋式别墅:独立的建筑,独门独院,有自己的"天"和"地",有自己的私家庭院,平面组织灵活,内部具有良好的采光和通风,舒适性强,是历史最悠久的一种建筑形式,也是私密性最强的一种住宅,档次较高。

② 双拼式别墅:由两个单元别墅拼接而成,相互之间拥有相同的立面和平面,以镜像的形式来组合连接。

③ 联排式别墅:由三个及以上的单元相互拼接而成的别墅,相邻两个单元之间共用一道外墙,各单元之间有相同或相似的平面布局,有统一的建筑风格。这是一种经济性较高的别墅。

④ 叠加式别墅:别墅与公寓住宅的组合体,与联排式别墅的横向拼接不同,它是一种竖向方向上的叠加,由多个多层的复式住宅空间叠加而成。由于它不具备独立的"天"和"地",仅属于一种广义上的别墅,多用于商业推广。

### 3. 别墅的选址

别墅的选址应满足下列条件。

① 别墅应有独立的建筑基地。

② 别墅多位于交通条件良好、市政设施完善、风景较好的郊区。

③ 远离各种污染源、噪声源,并满足有关卫生防护标准的要求。

### 4. 别墅外环境分析

建筑存在于一定的环境之中,好的建筑往往能和周围环境产生某种联系与对话。我国建筑自古在修筑之初就有"相地"一说,就是使建筑的修筑与周围的环境产生联系的一种意识。国外亦如此,希腊最著名的雅典卫城就是典型的与周围环境契合的山地建筑群。建筑与环境呼应已经是建筑界的一个共识,对建筑外环境的分析是设计的切入点,也是设计的前提条件。每栋建筑所处基地环境都有着自己的独特性,有着不同的"前因",才有了鲜明的"结果",这是一个"量体裁衣"的过程。对建筑外环境的分析,内容主要包括地形地貌、形式等。

地形地貌是外环境的一个重要设计因素。"修营别业,傍水依山,尽幽居之美",这是中国古人对居住环境的美好描述,也体现出了大多数别墅所处环境的特点:地处郊区,远离闹市,依山傍水,风景优美,以求获得身心的宁静与美好。我国幅员辽阔、地形复杂,其中70%的国土面积都是由山地、高原、丘陵等组成,这些起伏地带大多集中在郊区,因此别墅所在的地形大多较为复杂。在建筑设计的过程中,往往把坡度小于8%的地形视为平地考虑,而坡度大于8%的地形则作为山地地形去处理,通过筑台、错层、掉层、架空等方式(图4-1),在保证尽量不对山体产生破坏的同时,最大限度地利用原有地形地貌特色,让建筑与周围的自然环境相互协调,让居住环境与自然融为一体。

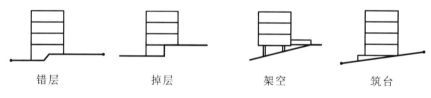

错层　　　　掉层　　　　架空　　　　筑台

**图 4-1　山地建筑的常见处理形式**

① 错层(图4-2):当山地环境的高差在一层以内时,可以在建筑内部形成不同标高的底面,以适应倾斜的山地地形。

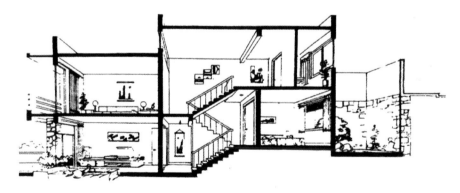

**图 4-2　错层形式的山地别墅(摘自《住宅设计资料集》)**

② 掉层:当山地环境复杂、高差较大,建筑内部的接地标高达到一层或以上时,就形成了掉层。结合掉层可以形成不同方向的入口,有利于建筑人流的疏散和分流。

③ 架空：建筑利用柱子来进行支撑，使建筑底面全部或部分脱离基地表面的做法即为架空。架空能够适应各种坡度的地形，对山体表面的影响最小、破坏较小。

④ 筑台：当山地坡度较小，可以利用修筑台地的方式让建筑所处的基面在同一标高，使其后续做法与平地大致相同。

山地地形的复杂性在为设计带来了难点的同时，也带来了独一无二的特点：山地建筑能够随山体自然形成多层次的立体布局，既能丰富建筑外立面，也能够形成丰富的立体景观，还可以通过独特的设计形成多方位的立体出入口，让建筑不同功能的流线变得更为清晰明了。

在设计的过程中，我们需要注重地貌，将基地原有的地貌特征，如河流、岩石、树木、土质等因素都考虑在内，让建筑与周围的环境共生、共融，让环境成为建筑设计的出发点和根源，使得建筑最终根植于环境中，成为环境的一部分。

用地地形与建筑的关系十分密切，就像图底关系一样，应该统一协调、相辅相成。一般而言，建筑与地形之间应满足下列要求。

① 建筑的平面形式应该与地形形式相呼应。

② 与基地周围的建筑或基地原有建筑之间产生一定的联系。

③ 与周围的山体、水域环境的走势相呼应。

④ 基地内部的交通组织设计应与基地环境的原有交通系统息息相关。

## 5. 别墅内部空间组织

别墅作为高端的私人住宅，不仅要体现居住建筑的设计特点，还需要体现舒适性与高端性，即拥有充足的日照、采光，良好的自然通风、景观朝向是别墅的必备条件。因此，别墅往往具备良好的朝向以及较为灵活的布局。别墅内部主要的功能房间，如客厅、起居室、餐厅、主卧等应具有良好的景观，通过开窗以及大面积落地玻璃等开敞式做法将室外环境引入到室内，将景观要素与建筑以各种方式融合，形成屋在景中、人在景中的舒适人居环境。此外，别墅作为高端住宅，越来越注重人性化，强调在满足基本居住要求的前提下，充分考虑使用者的需求，进行"量身"定做。例如：家中有年迈的长者时，则需要考虑无障碍的人性化设计；别墅所处位置位于冬冷夏热区域时，则在考虑建筑节能的同时，还需适当增加层高，以利于业主后期家装时中央空调的布置等。除此之外，别墅需要考虑不同功能需要满足的必要活动以及家具的尺寸和摆放要求，也需要考虑建筑空间内部的私密性设计。

别墅内部的功能空间相较于一般的住宅而言较为多样化，那么初次参与设计的同学面对众多的功能，该如何对其进行组织布置呢？这是一个设计上的难点，也是设计课程的重点。对于别墅而言，根据家庭生活需要的不同，其内部空间也具有不同的设计特点，在内部空间组织上，将功能分区和流线组织作为平面布置的重中之重。

### 1）功能分区

功能分区是将建筑空间按不同的功能要求进行分类，并根据它们之间联系的密切程度加以划分和联系，使分区明确的同时，又能便于联系。针对别墅的功能要求，我们大致可以把别墅内部功能分为以下三种。

① 主要使用空间：客厅、起居室、餐厅、娱乐室、卧室、书房等。

② 辅助空间：厨房、卫生间、储藏室等。

③ 交通空间：走廊、楼梯。

为了对众多的功能进行合理的分区，我们总结出别墅设计内部组织的两个原则，具体如下。

（1）动静分区

别墅内部的房间拥有不同的功能要求，使得内部空间的属性也截然不同，主要分为动区和静区。动区主要是活动频繁、有声响的场所，开放性较强。对于别墅而言，动区主要有客厅、餐厅、起居室、游戏室等。静区则主要是指提供休息,需要安静的场所,主要有卧室、书房等。此外,也有一些房间具有中性色彩,如卫生间、储藏室等辅助用房。

一个优秀的别墅设计在功能分区上往往强调动静分区,即尽量将活动频繁、有声音干扰的区域集中放置在一起,而将需要安静的空间放置在另一侧,以减少声音的干扰。动区与静区的位置关系如图 4-3 所示。动区与静区在布置上可以遵循以下规律。

图 4-3  动区与静区的位置关系

① 动区应布置在入口处,静区应布置在平面的里端。对于二楼及以上的平面,楼梯的位置就相当于是该层的入口,动区应该布置在入口附近,而静区应布置在该层的里端,并在视觉上有所遮挡,避免静区私密空间的一览无余。

② 对于立体空间层面,随着楼层数的增加,空间的安静程度要求越高,私密性越强。

③ 动区内部的房间在空间上讲究渗透与流动,不要求各个动区功能间有明确的界限,在功能的分隔上可以利用高差、家具分隔等虚隔的处理方法;静区处理则相反,须通过实体分隔的方式让房间的界限更为明确,这样私密性才能得到保证。

④ 为了满足居住者的心理需求,根据私密性的要求对空间进行层次上的划分,将私密性要求较高的房间布置在流线的末端。

(2)干湿分离

为了便于管道的布置、施工和后期的防潮处理,我们一般把用水的"湿"区集中布置,同时,立体上尽量做到上下对齐,利于管道的安装与污水的排泄,这样做的同时也体现了洁污分区的概念。对于住宅而言,所谓的湿区主要指的是厨房、卫生间这两个湿气较重且容易产生脏污的房间,应将它们与精心装修怕脏防潮的卧室等尽量分离。

干湿分离在现代家居设计中,除了表现在用水区域的集中布置上,还体现在卫生间的细部处理上。卫生间一般涵盖了洗漱、如厕、洗浴三个主要功能,其中洗浴往往需要大量的用水,水花四溅的同时,也产生了大量的水汽,使得室内空气异常潮湿、污浊。为了减轻洗浴对其他区域的干扰,现代家居设计中提倡在卫生间内做干湿分离的处理,即将卫生间内用水相对较多的浴室与其他空间分离,有将浴区与洗手台分离的,也有将浴区与坐便、面盆区分离的,这样保持沐浴之外的场地干燥卫生,维持浴室整体环境的整洁美观,但是这种设计对卫生间的面积要求相对较高。

2)流线组织

除了功能的合理分区外,流线的组织也是设计考虑的初衷和思考的方向。交通流线组织以人的活动规律为依据,在满足使用者生理和行动要求的同时,还应考虑其心理感受。在建筑设计过程中,很多设计由于设计类型复杂,其内部功能往往有多种交通流线,在平面设计的时候均要合理考虑,在把主要人流流线作为设计空间的主导线来组织平面功能的同时,均衡保证其他流线组织的有效性与完整性,才能够提升建筑内部的利用率。以别墅为例,其内部交通流线主要有居住流线、来客流线、家务流线,其中,居住流线是别墅空间串联的主导线。

## 6. 别墅内部各房间设计要点

别墅作为高端住宅,在设计的过程中注重体现以人为本的思想,在功能的划分以及设计上突出人性化的设计理念,以人的行为尺度、心理感受、动线流线为出发点,根据居住者的职业与兴趣爱好来设计区域风格和布局,使别墅更具人性化。

别墅功能分区明确,朝向适宜,充分考虑了使用者的生理、心理感受。别墅内部的功能房间主要有以下几种。

1）客厅

客厅是主人用来接待、宴请宾客的场所,是整个住宅的门面。

① 客厅应拥有直接的日照与采光,具有良好的视野景观。

② 客厅的位置一般布置在入口附近,并与同样带有接待、宴请宾客功能的餐厅联系密切。

③ 客厅内应有相对的两面墙形成较为稳定的角落空间,以利于家具的布置。面对客厅的门的数量不宜过多且应该相对集中,尽量减少交通干扰。

④ 客厅面积相对较大,空间形式更为大气、灵活、自由,其内部陈设能充分反映主人的性格、爱好。

2）起居室

起居室是家庭内部成员团聚的空间,是观看电视、休闲活动的场所,是家庭活动的中心。起居室至少要保证有 3 m 以上的直线墙面用于布置电视背景墙。起居室的常见标准形式如图 4-4 所示。

① 起居室应拥有直接的日照与采光、良好的视野景观。

② 相较于客厅的对外接待功能,起居室更具有家庭内部活动的特点,因此其位置一般与卧室有着一定的联系。

③ 起居室尺寸较客厅略小,在保证必要的使用面积的前提下,减少交通干扰。图 4-5 所示为一例干扰较多的起居室布置设计。

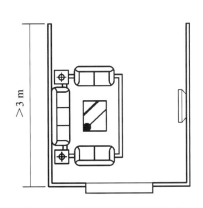

图 4-4　起居室的常见标准形式

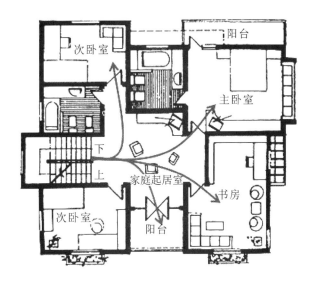

图 4-5　干扰较多的起居室布置

3）餐厅

餐厅是提供就餐、聚餐的场所。

① 餐厅应拥有直接的日照与采光、良好的视野景观。

② 餐厅的位置应该与厨房相连,邻近客厅。

③ 餐厅可以单独设置,也可以与客厅合并设计,占据客厅的一个角落。

④ 餐厅内部可以分区设计,分为早餐区、会客区、吧台区等,也可以统一合并布置。

4）门厅

门厅是进门的缓冲区域,是家庭、房屋给他人的第一印象,是进出住宅的必经之道。

① 门厅面积较小,但一般涵盖了室内换鞋、简单的更衣功能,是从室内到室外的缓冲区域。

② 门厅布置在大门入口处,并且与客厅相连,其附近往往可见联系竖向空间的楼梯。

③ 门厅不能正对着私密性较强的空间。

5)厨房

厨房是准备食物并进行烹饪的房间。

① 厨房应有直接的采光和通风,保证室内采光和通风良好。

② 厨房的尺寸与布置应充分考虑人体工程尺度,其内部应按烹饪的操作程序,合理布置洗涤、案台、灶台及抽油烟机等设施,并保证操作的连续性。

③ 厨房的位置应与餐厅紧密联系,同时与工人房、家务室等房间方便联系,便于管理。

④ 为了便于厨房垃圾的清运,厨房宜靠近套内入口,也可以在厨房附近增设单独的出入口。

⑤ 对于别墅的厨房,可以考虑分为中厨和西厨,其中,由于油烟较大,中厨不宜做开敞式处理;西厨由于内部必备烤箱、微波炉、面包机等加工工具,往往操作台较长。

厨房的操作流线及内部的布置形式分别如图4-6、图4-7所示。

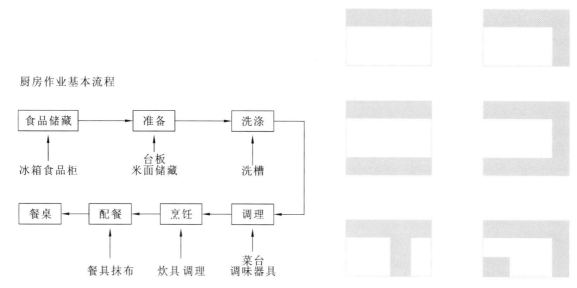

图4-6　厨房的操作流线(摘自《住宅设计资料集3》)　　　图4-7　厨房内部的布置形式

6)卫生间

卫生间是供居住者进行盥洗、便溺、洗浴等活动的空间。

① 卫生间内应有自然的通风、换气。

② 卫生间不宜布置在厨房、餐厅及生活用房上方。

③ 卫生间宜上、下层对齐,考虑水管的集中布置。

④ 卫生间应考虑便器、洗面器、洗浴器等综合布置而成,并考虑它们的使用频率。对于公共卫生间,其洗浴器应考虑用淋浴器;卧室内配套的卫生间则可考虑用浴缸。

⑤ 对于多层别墅,每层至少布置1个卫生间。

人体活动与卫生设备组合尺寸如图4-8所示,卫生间洁具的布置尺寸如图4-9所示。

7)卧室

卧室是供居住者休息、睡觉的场所,是整个住宅内最安静的区域。

① 卧室应拥有良好的室内通风和直接的日照,保证每户至少有一间卧室能够满足冬至日2h的日照需要。

② 卧室应布置在相对安静的位置,保证一定的私密性。

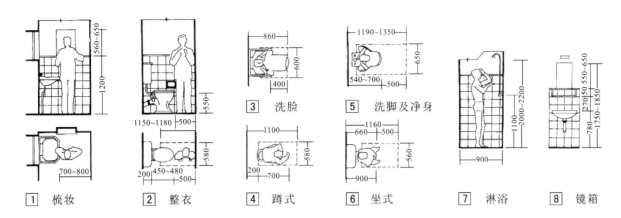

**图 4-8 人体活动与卫生设备组合尺寸(摘自《住宅设计资料集》)**

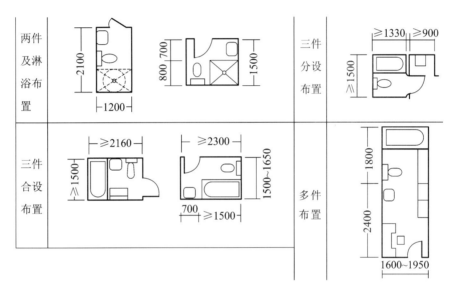

**图 4-9 卫生间洁具的布置尺寸(摘自《住宅设计资料集》)**

③ 避免穿越卧室进入其他房间。

④ 别墅的卧室空间往往较多,有客卧、次卧(老人房、儿童房等)、主卧等,应注意卧室隐私的层次性。

⑤ 别墅的主卧应该拥有良好的视野景观,房间内应配卫生间、步入式更衣室、化妆间等,其中,卫生间内部应能放置浴缸、便器、两个洁面器,有的还增设桑拿浴缸等。

**8)书房**

书房是供居住者阅读、书写、学习、工作的空间。

① 书房应拥有良好的采光与通风。

② 书房一般布置在相对安静的位置,对于别墅而言,书房既有可能是带有工作洽谈、交流等公共性质的书房,也有可能是套属于卧室内部的书房,视业主的需求而定。

**9)工作室**

工作室是指用于创意生产和工作的空间。

① 由于别墅所处位置多为郊区,交通相对而言较为不便,所以其内部除涵盖了较为全面的居住功能外,还带有部分工作空间。

② 工作室的性质与居住者的职业、爱好息息相关,可以设琴室、画室、暗室、办公室等,其要求也随功

能的安排有所不同。

③ 工作室一般都设置在相对安静的位置,但也要考虑偶有客人到访,不宜设置在卧室区域的内部。

10)储藏间

储藏间是储藏家庭日常物品、杂物、换季物品的场所。

① 储藏间应有良好的通风并注意防潮。

② 储藏间对朝向没有要求,可以设置在朝向不好的位置或利用闲置空间灵活处理。

③ 储藏间内的布置需结合人体工程尺寸,注意柜门的开启方式,保证室内使用面积的完整性。

11)阳台

阳台是建筑室内到室外的延伸,是居住者呼吸新鲜空气、晾晒衣物、摆放盆栽的场所。

① 对于住宅而言,阳台按其功能可分为景观阳台和生活阳台。其中,景观阳台应该拥有良好的视野景观;生活阳台则主要是用来晾晒衣物的,一般与洗衣房、厨房等辅助空间联系密切,对景观无要求。

② 为了防坠落,考虑人体重心和心理因素,阳台栏杆的高度随建筑高度而增高,多层住宅的阳台栏杆扶手高度不应低于 1.05 m,为了防止儿童攀爬,阳台栏杆应设置垂直杆件,垂直栏杆净距应小于0.11 m,防止儿童钻出。

12)车库

车库是用来停放汽车的室内场所。

① 每户家庭都应该保证拥有 1 个停车位,豪华别墅可以设 1~2 个车位。

② 在设计上尽可能让使用者可以直接从车库进入到别墅内,但需要注意室内外高差处理。

③ 车库可以结合杂物间、储藏间等房间合并设计。

④ 别墅车库的布局和入口与周围道路有着一定的联系。

⑤ 车库一般考虑垂直式停车,其大小一般考虑车的长、宽、高,一般常见的值为:单车车库 6.0 m×3.6 m,双车车库 6.0 m×6.6 m,车库净高不低于 2.5 m。

13)楼梯

楼梯是用于楼层之间和高差较大空间之间的垂直交通构件。

① 楼梯一般位于门厅附近或门厅可见的位置,便于人流的分流与引导。

② 对于套内的楼梯而言,楼梯不仅是联系上下层的垂直交通空间,也是丰富空间层次,使空间具有连续性的一个重要构件,因此其形式可以多样性,可采用螺旋楼梯、弧形楼梯等美化室内环境。

③ 楼梯作为重要的交通空间,其尺寸既要满足人流疏散和人体基本尺寸的需求,又不能盲目扩大,否则会增加室内的交通面积。

住宅楼梯的常见形式如图 4-10 所示。户内楼梯的尺寸要求和楼梯的尺寸要求分别如表 4-1、表 4-2所示。

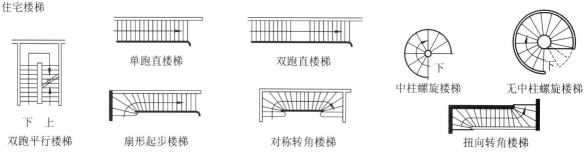

图 4-10　住宅楼梯的常见形式(摘自《住宅设计资料集》)

表 4-1　户内楼梯的尺寸要求

| 楼梯 | 限定条件 | 梯段净宽 | 踏步高度 | 踏步宽度 |
| --- | --- | --- | --- | --- |
| 户内楼梯 | 一边临空时 | ≥750 mm | ≤180 mm | ≥250 mm |
| | 两边为墙面时 | ≥900 mm | ≤200 mm | ≥220 mm |
| | 采用扇形踏步时 | 内侧 250 mm 处的宽度大于等于 220 mm | | |

注:摘自《住宅设计资料集》。

表 4-2　楼梯的尺寸要求

| 栏杆 | ① 高度不宜小于 900 mm;<br>② 垂直构件间的净空不应大于 110 mm |
| --- | --- |
| 中间平台 | ① 净宽不应小于梯段净宽及 1.1 m;<br>② 其结构下缘至人行过道的垂直高度不应低于 2 m |
| 楼梯井 | 楼梯井宽度大于 200 mm 时必须采取防止儿童攀登的措施 |

注:摘自《住宅设计资料集》。

### 7. 庭院设计

　　庭院空间是人们对建筑及其环境的第一印象,是室内到室外的过渡空间,它既能与室内空间有机地结合在一起,同时也是室内空间向外的延伸和补充,是可供人们聊天、嬉戏、散步、品茶的场所,是独具匠心的"人工"自然环境。庭院设计分为"借景"和"造景"两种方法。借景,即保留原有外部环境中的景观资源,如河流、溪谷、山川等,作为庭院的景观主题;造景则是通过改造的方式塑造居住环境,营造良好的视觉景观。这两种方法不是孤立的,更多的时候是相辅相成,使得建筑的外部景观既有着"自然"的随性,也有着"人工"的匠心。在设计过程中,往往巧妙地利用自然景观中的河谷、山地、树木等,结合当地的环境气候,再配以道路的规划、场地的铺装、景观小品的塑造、园林树木的配置,让庭院能够规划合理、有序统一,将优美的自然景观和良好的生活氛围相协调,使庭院内部自然和谐、静谧祥和。在庭院的设计过程中,以有序的规划为前提,须注意空间的层次性。

# 4.2　设计规范:《住宅设计规范》(GB 50096—2011)

### 1　总　　则

　　1.0.1　为保障城镇居民的基本住房条件和功能质量,提高城镇住宅设计水平,使住宅设计满足安全、卫生、适用、经济等性能要求,制定本规范。

　　1.0.2　本规范适用于全国城镇住宅的建筑设计。

　　1.0.3　住宅设计必须执行国家有关方针、政策和法规,遵守安全卫生、环境保护、节约用地、节约能源资源等有关规定。

　　1.0.4　住宅设计除应符合本规范外,尚应符合国家现行有关标准的规定。

### 2　术　　语

　　2.0.1　住宅 residential building
供家庭居住使用的建筑。

　　2.0.2　套型 dwelling unit
由居住空间和厨房、卫生间等共同组成的基本住宅单位。

　　2.0.3　居住空间 habitable space

卧室、起居室(厅)的统称。

2.0.4 卧室 bed room

供居住者睡眠、休息的空间。

2.0.5 起居室(厅) living room

供居住者会客、娱乐、团聚等活动的空间。

2.0.6 厨房 kitchen

供居住者进行炊事活动的空间。

2.0.7 卫生间 bathroom

供居住者进行便溺、洗浴、盥洗等活动的空间。

2.0.8 使用面积 usable area

房间实际能使用的面积,不包括墙、柱等结构构造的面积。

2.0.9 层高 storey height

上下相邻两层楼面或楼面与地面之间的垂直距离。

2.0.10 室内净高 interior net storey height

楼面或地面至上部楼板底面或吊顶底面之间的垂直距离。

2.0.11 阳台 balcony

附设于建筑物外墙设有栏杆或栏板,可供人活动的空间。

2.0.12 平台 terrace

供居住者进行室外活动的上人屋面或由住宅底层地面伸出室外的部分。

2.0.13 过道 passage

住宅套内使用的水平通道。

2.0.14 壁柜 cabinet

建筑室内与墙壁结合而成的落地贮藏空间。

2.0.15 凸窗 bay-window

凸出建筑外墙面的窗户。

2.0.16 跃层住宅 duplex apartment

套内空间跨越两个楼层且设有套内楼梯的住宅。

2.0.17 自然层数 natural storeys

按楼板、地板结构分层的楼层数。

2.0.18 中间层 middle-floor

住宅底层、入口层和最高住户入口层之间的楼层。

2.0.19 架空层 open floor

仅有结构支撑而无外围护结构的开敞空间层。

2.0.20 走廊 gallery

住宅套外使用的水平通道。

2.0.21 联系廊 inter-unit gallery

联系两个相邻住宅单元的楼、电梯间的水平通道。

2.0.22 住宅单元 residential building unit

由多套住宅组成的建筑部分,该部分内的住户可通过共用楼梯和安全出口进行疏散。

2.0.23 地下室 basement

室内地面低于室外地平面的高度超过室内净高的 1/2 的空间。

2.0.24 半地下室 semi-basement

室内地面低于室外地平面的高度超过室内净高的 1/3,且不超过 1/2 的空间。

2.0.25 附建公共用房 accessory assembly occupancy building

附于住宅主体建筑的公共用房,包括物业管理用房、符合噪声标准的设备用房、中小型商业用房、不产生油烟的餐饮用房等。

2.0.26 设备层 mechanical floor

建筑物中专为设置暖通、空调、给水排水和电气的设备和管道施工人员进入操作的空间层。

# 3 基 本 规 定

3.0.1 住宅设计应符合城镇规划及居住区规划的要求,并应经济、合理、有效地利用土地和空间。

3.0.2 住宅设计应使建筑与周围环境相协调,并应合理组织方便、舒适的生活空间。

3.0.3 住宅设计应以人为本,除应满足一般居住使用要求外,尚应根据需要满足老年人、残疾人等特殊群体的使用要求。

3.0.4 住宅设计应满足居住者所需的日照、天然采光、通风和隔声的要求。

3.0.5 住宅设计必须满足节能要求,住宅建筑应能合理利用能源。宜结合各地能源条件,采用常规能源与可再生能源结合的供能方式。

3.0.6 住宅设计应推行标准化、模数化及多样化,并应积极采用新技术、新材料、新产品,积极推广工业化设计、建造技术和模数应用技术。

3.0.7 住宅的结构设计应满足安全、适用和耐久的要求。

3.0.8 住宅设计应符合相关防火规范的规定,并应满足安全疏散的要求。

3.0.9 住宅设计应满足设备系统功能有效、运行安全、维修方便等基本要求,并应为相关设备预留合理的安装位置。

3.0.10 住宅设计应在满足近期使用要求的同时,兼顾今后改造的可能。

# 4 技术经济指标计算

4.0.1 住宅设计应计算下列技术经济指标:

——各功能空间使用面积(m²);

——套内使用面积(m²/套);

——套型阳台面积(m²/套);

——套型总建筑面积(m²/套);

——住宅楼总建筑面积(m²)。

4.0.2 计算住宅的技术经济指标,应符合下列规定:

1 各功能空间使用面积应等于各功能空间墙体内表面所围合的水平投影面积;

2 套内使用面积应等于套内各功能空间使用面积之和;

3 套型阳台面积应等于套内各阳台的面积之和;阳台的面积均应按其结构底板投影净面积的一半计算;

4 套型总建筑面积应等于套内使用面积、相应的建筑面积和套型阳台面积之和;

5 住宅楼总建筑面积应等于全楼各套型总建筑面积之和。

4.0.3 套内使用面积计算,应符合下列规定:

1 套内使用面积应包括卧室、起居室(厅)、餐厅、厨房、卫生间、过厅、过道、贮藏室、壁柜等使用面积的总和;

2 跃层住宅中的套内楼梯应按自然层数的使用面积总和计入套内使用面积;

3 烟囱、通风道、管井等均不应计入套内使用面积;

4 套内使用面积应按结构墙体表面尺寸计算;有复合保温层时,应按复合保温层表面尺寸计算;

5 利用坡屋顶内的空间时,屋面板下表面与楼板地面的净高低于1.2 m的空间不应计算使用面积,净高在1.2~2.1 m的空间应按1/2计算使用面积,净高超过2.1 m的空间应全部计入套内使用面积;坡屋顶无结构顶层楼板,不能利用坡屋顶空间时不应计算其使用面积;

6 坡屋顶内的使用面积应列入套内使用面积中。

4.0.4 总建筑面积计算,应符合下列规定:

1 应按全楼各层外墙结构外表面及柱外沿所围合的水平投影面积之和求出住宅楼建筑面积,当外墙设外保温层时,应按保温层外表面计算;

2 应以全楼总套内使用面积除以住宅楼建筑面积得出计算比值;

3 套型总建筑面积应等于套内使用面积除以计算比值所得面积,加上套型阳台面积。

4.0.5 住宅楼的层数计算应符合下列规定:

1 当住宅楼的所有楼层的层高不大于 3 m 时,层数应按自然层数计;

2 当住宅和其他功能空间处于同一建筑物内时,应将住宅部分的层数与其他功能空间的层数叠加计算建筑层数。当建筑中有一层或若干层的层高大于 3 m 时,应对大于 3 m 的所有楼层按其高度总和除以 3 m 进行层数折算,余数小于 1.5 m 时,多出部分不应计入建筑层数,余数大于或等于 1.5 m 时,多出部分应按 1 层计算;

3 层高小于 2.2 m 的架空层和设备层不应计入自然层数;

4 高出室外设计地面小于 2.2 m 的半地下室不应计入地上自然层数。

# 5 套内空间

## 5.1 套 型

5.1.1 住宅应按套型设计,每套住宅应设卧室、起居室(厅)、厨房和卫生间等基本功能空间。

5.1.2 套型的使用面积应符合下列规定:

1 由卧室、起居室(厅)、厨房和卫生间等组成的套型,其使用面积不应小于 30 m²;

2 由兼起居的卧室、厨房和卫生间等组成的最小套型,其使用面积不应小于 22 m²。

## 5.2 卧室、起居室(厅)

5.2.1 卧室的使用面积应符合下列规定:

1 双人卧室不应小于 9 m²;

2 单人卧室不应小于 5 m²;

3 兼起居的卧室不应小于 12 m²。

5.2.2 起居室(厅)的使用面积不应小于 10 m²。

5.2.3 套型设计时应减少直接开向起居厅的门的数量。起居室(厅)内布置家具的墙面直线长度宜大于 3 m。

5.2.4 无直接采光的餐厅、过厅等,其使用面积不宜大于 10 m²。

## 5.3 厨 房

5.3.1 厨房的使用面积应符合下列规定:

1 由卧室、起居室(厅)、厨房和卫生间等组成的住宅套型的厨房使用面积,不应小于 4.0 m²;

2 由兼起居的卧室、厨房和卫生间等组成的住宅最小套型的厨房使用面积,不应小于 3.5 m²。

5.3.2 厨房宜布置在套内近入口处。

5.3.3 厨房应设置洗涤池、案台、炉灶及排油烟机、热水器等设施或为其预留位置。

5.3.4 厨房应按炊事操作流程布置。排油烟机的位置应与炉灶位置对应,并应与排气道直接连通。

5.3.5 单排布置设备的厨房净宽不应小于 1.5 m;双排布置设备的厨房其两排设备之间的净距不应小于 0.9 m。

## 5.4 卫 生 间

5.4.1 每套住宅应设卫生间,至少应配置便器、洗浴器、洗面器三件卫生设备或为其预留设置位置及条件。三件卫生设备集中配置的卫生间的使用面积不应小于 2.5 m²。

5.4.2 卫生间可根据使用功能要求组合不同的设备。不同组合的空间使用面积应符合下列规定:

1 设便器、洗面器时不应小于 1.8 m²;

2 设便器、洗浴器时不应小于 2.0 m²;

3　设洗面器、洗浴器时不应小于 2.0 m²；

4　设洗面器、洗衣机时不应小于 1.8 m²；

5　单设便器时不应小于 1.1 m²。

5.4.3　无前室的卫生间的门不应直接开向起居室(厅)或厨房。

5.4.4　卫生间不应直接布置在下层住户的卧室、起居室(厅)、厨房和餐厅的上层。

5.4.5　当卫生间布置在本套内的卧室、起居室(厅)、厨房和餐厅的上层时,均应有防水和便于检修的措施。

5.4.6　每套住宅应设置洗衣机的位置及条件。

## 5.5　层高和室内净高

5.5.1　住宅层高宜为 2.8 m。

5.5.2　卧室、起居室(厅)的室内净高不应低于 2.4 m,局部净高不应低于 2.1 m,且这种局部净高的室内面积不应大于室内使用面积的 1/3。

5.5.3　利用坡屋顶内空间作卧室、起居室(厅)时,至少有 1/2 的使用面积的室内净高不应低于 2.1 m。

5.5.4　厨房、卫生间的室内净高不应低于 2.2 m。

5.5.5　厨房、卫生间内排水横管下表面与楼面、地面净距不得低于 1.9 m,且不得影响门、窗扇开启。

## 5.6　阳　　台

5.6.1　每套住宅宜设阳台或平台。

5.6.2　阳台栏杆设计必须采用防止儿童攀登的构造,栏杆的垂直杆件间净距不应大于 0.11 m,放置花盆处必须采取防坠落措施。

5.6.3　阳台栏板或栏杆净高,六层及六层以下的不应低于 1.05 m;七层及七层以上的不应低于 1.1 m。

5.6.4　封闭阳台栏板或栏杆也应满足阳台栏板或栏杆净高要求。七层及七层以上住宅和寒冷、严寒地区住宅宜采用实体栏板。

5.6.5　顶层阳台应设雨罩,各套住宅之间毗连的阳台应设分户隔板。

5.6.6　阳台、雨罩均应采取有组织排水措施,雨罩及开敞阳台应采取防水措施。

5.6.7　当阳台设有洗衣设备时应符合下列规定：

1　应设置专用给、排水管线及专用地漏,阳台楼、地面均应做防水；

2　严寒和寒冷地区应封闭阳台,并应采取保温措施。

5.6.8　当阳台或建筑外墙设置空调室外机时,其安装位置应符合下列规定：

1　应能通畅地向室外排放空气和自室外吸入空气；

2　在排出空气一侧不应有遮挡物；

3　应为室外机安装和维护提供方便操作的条件；

4　安装位置不应对室外人员形成热污染。

## 5.7　过道、贮藏空间和套内楼梯

5.7.1　套内入口过道净宽不宜小于 1.20 m;通往卧室、起居室(厅)的过道净宽不应小于 1.00 m;通往厨房、卫生间、贮藏室的过道净宽不应小于 0.90 m。

5.7.2　套内设于底层或靠外墙、靠卫生间的壁柜内部应采取防潮措施。

5.7.3　套内楼梯当一边临空时,梯段净宽不应小于 0.75 m;当两侧有墙时,墙面之间净宽不应小于 0.9 m,并应在其中一侧墙面设置扶手。

5.7.4　套内楼梯的踏步宽度不应小于 0.22 m;高度不应大于 0.20 m,扇形踏步转角距扶手中心 0.25 m 处,宽度不应小于 0.22 m。

## 5.8　门　　窗

5.8.1　窗外没有阳台或平台的外窗,窗台距楼面、地面的净高低于 0.90 m 时,应防护设施。

5.8.2 当设置凸窗时应符合下列规定：

1 窗台高度低于或等于 0.45 m 时，防护高度从窗台面起算不应低于 0.90 m；

2 可开启窗扇窗洞口底距窗台面的净高低于 0.90 m 时，窗洞口处应有防护措施。

其防护高度从窗台面起算不应低于 0.90 m；

3 严寒和寒冷地区不宜设置凸窗。

5.8.3 底层外窗和阳台门、下沿低于 2.0 m 且紧邻走廊或共用上人屋面上的窗和门，应采取防卫措施。

5.8.4 面临走廊、共用上人屋面或凹口的窗，应避免视线干扰，向走廊开启的窗扇不应妨碍交通。

5.8.5 户门应采用具备防盗、隔音功能的防护门。向外开启的户门不应妨碍公共交通及相邻户门开启。

5.8.6 厨房和卫生间的门应在下部设置有效截面积不小于 0.02 m² 的固定百叶，也可距地面留出不小于 30 mm 的缝隙。

5.8.7 各部位门洞的最小尺寸应符合表 5.8.7 的规定。

表 5.8.7 门洞最小尺寸

| 类　　别 | 洞口宽度/m | 洞口高度/m |
|---|---|---|
| 共用外门 | 1.20 | 2.00 |
| 户（套）门 | 1.00 | 2.00 |
| 起居室（厅）门 | 0.90 | 2.00 |
| 卧室门 | 0.90 | 2.00 |
| 厨房门 | 0.80 | 2.00 |
| 卫生间门 | 0.70 | 2.00 |
| 阳台门（单扇） | 0.70 | 2.00 |

注：1　表中门洞口高度不包括门上亮子高度，宽度以平开门为准。

　　2　洞口两侧地面有高低差时，以高地面为起算高度。

# 6　共用部分

## 6.1　窗台、栏杆和台阶

6.1.1 楼梯间、电梯厅等共用部分的外窗，如果窗外没有阳台或平台，且窗台距楼面、地面的净高小于 0.90 m 时，应设防护设施。

6.1.2 公共出入口台阶高度超过 0.7 m 并侧面临空时，应设防护设施，防护设施净高不应低于 1.05 m。

6.1.3 外廊、内天井及上人屋面等临空处的栏杆净高，六层及六层以下不应低于 1.05 m，七层及七层以上不应低于 1.10 m。防护栏杆必须采用防止儿童攀登的构造，栏杆的垂直杆件间净距不应大于 0.11 m。放置花盆处必须采取防坠落措施。

6.1.4 公共出入口台阶踏步宽度不宜小于 0.30 m，踏步高度不宜大于 0.15 m，并不宜小于 0.10 m，踏步高度应均匀一致，并应采取防滑措施。台阶踏步数不应少于 2 级，当高差不足 2 级时，应按坡道设置；台阶宽度大于 1.80 m 时，两侧宜设置栏杆扶手，高度应为 0.90 m。

## 6.2　安全疏散出口

6.2.1 十层以下的住宅建筑，当住宅单元任一层的建筑面积大于 650 m²，或任一套房的户门至安全出口的距离大于 15 m 时，该住宅单元每层的安全出口不应少于 2 个。

6.2.2 十层及十层以上且不超过十八层的住宅建筑，当住宅单元任一层的建筑面积大于 650 m²，或任一套房的户门至安全出口的距离大于 10 m 时，该住宅单元每层的安全出口不应少于 2 个。

6.2.3　十九层及十九层以上的住宅建筑,每层住宅单元的安全出口不应少于 2 个。

6.2.4　安全出口应分散布置,两个安全出口的距离不应小于 5 m。

6.2.5　楼梯间及前室的门应向疏散方向开启。

6.2.6　十层以下的住宅建筑的楼梯间宜通至屋顶,且不应穿越其它房间。通向平屋面的门应向屋面方向开启。

6.2.7　十层及十层以上的住宅建筑,每个住宅单元的楼梯均应通至屋顶,且不应穿越其它房间。通向平屋面的门应向屋面方向开启。各住宅单元的楼梯间宜在屋顶相连通。但符合下列条件之一的,楼梯可不通至屋顶:

1　十八层及十八层以下,每层不超过 8 户、建筑面积不超过 650 m² ,且设有一座共用的防烟楼梯间和消防电梯的住宅;

2　顶层设有外部联系廊的住宅。

## 6.3　楼　　梯

6.3.1　楼梯梯段净宽不应小于 1.10 m,不超过六层的住宅,一边设有栏杆的梯段净宽不应小于 1.00 m。

6.3.2　楼梯踏步宽度不应小于 0.26 m,踏步高度不应大于 0.175 m。扶手高度不应小于 0.90 m。楼梯水平段栏杆长度大于 0.50 m 时,其扶手高度不应小于 1.05 m。楼梯栏杆垂直杆件间净空不应大于 0.11 m。

6.3.3　楼梯平台净宽不应小于楼梯梯段净宽,且不得小于 1.20 m。楼梯平台的结构下缘至人行通道的垂直高度不应低于 2.00 m。入口处地坪与室外地面应有高差,并不应小于 0.10 m。

6.3.4　楼梯为剪刀梯时,楼梯平台的净宽不得小于 1.30 m。

6.3.5　楼梯井净宽大于 0.11 m 时,必须采取防止儿童攀滑的措施。

## 6.4　电　　梯

6.4.1　属下列情况之一时,必须设置电梯:

1　七层及七层以上住宅或住户入口层楼面距室外设计地面的高度超过 16 m 时;

2　底层作为商店或其它用房的六层及六层以下住宅,其住户入口层楼面距该建筑物的室外设计地面高度超过 16 m 时;

3　底层做架空层或贮存空间的六层及六层以下住宅,其住户入口层楼面距该建筑物的室外设计地面高度超过 16 m 时;

4　顶层为两层一套的跃层住宅时,跃层部分不计层数,其顶层住户入口层楼面距该建筑物室外设计地面的高度超过 16 m 时。

6.4.2　十二层及十二层以上的住宅,每栋楼设置电梯不应少于两台,其中应设置一台可容纳担架的电梯。

6.4.3　十二层及十二层以上的住宅每单元只设置一部电梯时,从第十二层起应设置与相邻住宅单元联通的联系廊。联系廊可隔层设置,上下联系廊之间的间隔不应超过五层。联系廊的净宽不应小于 1.10 m,局部净高不应低于 2.00 m。

6.4.4　十二层及十二层以上的住宅由二个及二个以上的住宅单元组成,且其中有一个或一个以上住宅单元未设置可容纳担架的电梯时,应从第十二层起应设置与可容纳担架的电梯联通的联系廊。联系廊可隔层设置,上下联系廊之间的间隔不应超过五层。联系廊的净宽不应小于 1.10 m,局部净高不应低于 2.00 m。

6.4.5　七层及七层以上住宅电梯应在设有户门和公共走廊的每层设站。住宅电梯宜成组集中布置。

6.4.6　候梯厅深度不应小于多台电梯中最大轿箱的深度,且不应小于 1.50 m。

6.4.7　电梯不应紧邻卧室布置。当受条件限制,电梯不得不紧邻兼起居的卧室布置时,应采取隔声、减震的构造措施。

### 6.5 走廊和出入口

6.5.1 住宅中作为主要通道的外廊宜作封闭外廊,并应设置可开启的窗扇。走廊通道的净宽不应小于 1.20 m,局部净高不应低于 2.00 m。

6.5.2 位于阳台、外廊及开敞楼梯平台下部的公共出入口,应采取防止物体坠落伤人的安全措施。

6.5.3 公共出入口处应有标识,十层及十层以上住宅的公共出入口应设门厅。

### 6.6 无障碍设计要求

6.6.1 七层及七层以上的住宅,应对下列部位进行无障碍设计:

1 建筑入口;

2 入口平台;

3 候梯厅;

4 公共走道。

6.6.2 住宅入口及入口平台的无障碍设计应符合下列规定:

1 建筑入口设台阶时,应同时设置轮椅坡道和扶手;

2 坡道的坡度应符合表 6.6.2 的规定。

表 6.6.2　坡道的坡度

| 坡度 | 1:20 | 1:16 | 1:12 | 1:10 | 1:8 |
|---|---|---|---|---|---|
| 最大高度/m | 1.50 | 1.00 | 0.75 | 0.60 | 0.35 |

3 供轮椅通行的门净宽不应小于 0.8 m;

4 供轮椅通行的推拉门和平开门,在门把手一侧的墙面,应留有不小于 0.5m 的墙面宽度;

5 供轮椅通行的门扇,应安装视线观察玻璃、横执把手和关门拉手,在门扇的下方应安装高 0.35 m 的护门板;

6 门槛高度及门内外地面高差不应大于 0.15 m,并应以斜坡过渡。

6.6.3 七层及七层以上住宅建筑入口平台宽度不应小于 2.00 m,七层以下住宅建筑入口平台宽度不应小于 1.50 m。

6.6.4 供轮椅通行的走道和通道净宽不应小于 1.20 m。

### 6.7 信 报 箱

6.7.1 新建住宅应每套配套设置信报箱。

6.7.2 住宅设计应在方案设计阶段布置信报箱的位置。信报箱宜设置在住宅单元主要入口处。

6.7.3 设有单元安全防护门的住宅,信报箱的投递口应设置在门禁以外。当通往投递口的专用通道设置在室内时,通道净宽应不小于 0.60 m。

6.7.4 信报箱的投取信口设置在公共通道位置时,通道的净宽应从信报箱的最外缘起算。

6.7.5 信报箱的设置不得降低住宅基本空间的天然采光和自然通风标准。

6.7.6 信报箱设计应选用信报箱定型产品,产品应符合国家有关标准。选用嵌墙式信报箱时应设计洞口尺寸和安装、拆卸预埋件位置。

6.7.7 信报箱的设置宜利用共用部位的照明,但不得降低住宅公共照明标准。

6.7.8 选用智能信报箱时,应预留电源接口。

### 6.8 共用排气道

6.8.1 厨房宜设共用排气道,无外窗的卫生间应设共用排气道。

6.8.2 厨房、卫生间的共用排气道应采用能够防止各层回流的定型产品,并应符合国家有关标准。排气道断面尺寸应根据层数确定,排气道接口部位应安装支管接口配件,厨房排气道接口直径应大于 $\phi$150 mm,卫生间排气道接口直径应大于 $\phi$80 mm。

6.8.3 厨房的共用排气道应与灶具位置相邻,共用排气道与排油烟机连接的进气口应朝向灶具方向。

6.8.4 厨房的共用排气道与卫生间的共用排气道应分别设置。

6.8.5 竖向排气道屋顶风帽的安装高度不应低于相邻建筑砌筑体。排气道的出口设置在上人屋面、住户平台上时,应高出屋面或平台地面2 m;当周围4 m之内有门窗时,应高出门窗上皮0.6 m。

### 6.9 地下室和半地下室

6.9.1 卧室、起居室(厅)、厨房不应布置在地下室;当布置在半地下室时,必须对采光、通风、日照、防潮、排水及安全防护采取措施,并不得降低各项指标要求。

6.9.2 除卧室、起居室(厅)、厨房以外的其他功能房间可布置在地下室,当布置在地下室时,应对采光、通风、防潮、排水及安全防护采取措施。

6.9.3 住宅的地下室、半地下室做自行车库和设备用房时,其净高不应低于2.00 m。

6.9.4 当住宅的地上架空层及半地下室做机动车停车位时,其净高不应低于2.20 m。

6.9.5 地上住宅楼、电梯间宜与地下车库连通,并宜采取安全防盗措施。

6.9.6 直通住宅单元的地下楼、电梯间入口处应设置乙级防火门,严禁利用楼、电梯间为地下车库进行自然通风。

6.9.7 地下室、半地下室应采取防水、防潮及通风措施,采光井应采取排水措施。

### 6.10 附建公共用房

6.10.1 住宅建筑内严禁布置存放和使用甲、乙类火灾危险性物品的商店、车间和仓库,以及产生噪声、振动和污染环境卫生的商店、车间和娱乐设施。

6.10.2 住宅建筑内不应布置易产生油烟的餐饮店,当住宅底层商业网点布置有产生刺激性气味或噪声的配套用房,应做排气、消音处理。

6.10.3 水泵房、冷热源机房、变配电机房等公共机电用房不宜设置在住宅主体建筑内,不宜设置在与住户相邻的楼层内,在无法满足上述要求贴临设置时,应增加隔声减震处理。

6.10.4 住户的公共出入口与附建公共用房的出入口应分开布置。

## 7 室 内 环 境

### 7.1 日照、天然采光、遮阳

7.1.1 每套住宅应至少有一个居住空间能获得冬季日照。

7.1.2 需要获得冬季日照的居住空间的窗洞开口宽度不应小于0.60 m。

7.1.3 卧室、起居室(厅)、厨房应有直接天然采光。

7.1.4 卧室、起居室(厅)、厨房的采光系数不应低于1%;当楼梯间设置采光窗时,采光系数不应低于0.5%。

7.1.5 卧室、起居室(厅)、厨房的采光窗洞口的窗地面积比不应低于1/7。

7.1.6 当楼梯间设置采光窗时,采光窗洞口的窗地面积比不应低于1/12。

7.1.7 采光窗下沿离楼面或地面高度低于0.50 m的窗洞口面积不应计入采光面积内,窗洞口上沿距地面高度不宜低于2.00 m。

7.1.8 除严寒地区外,居住空间朝西外窗应采取外遮阳措施,居住空间朝东外窗宜采取外遮阳措施。当采用天窗、斜屋顶窗采光时,应采取活动遮阳措施。

### 7.2 自 然 通 风

7.2.1 卧室、起居室(厅)、厨房应有自然通风。

7.2.2 住宅的平面空间组织、剖面设计、门窗的位置、方向和开启方式的设置,应有利于组织室内自然通风。单朝向住宅宜采取改善自然通风的措施。

7.2.3 每套住宅的自然通风开口面积不应小于地面面积的5%。

7.2.4 采用自然通风的房间,其直接或间接自然通风开口面积应符合下列规定:

1 卧室、起居室(厅)、明卫生间的直接自然通风开口面积不应小于该房间地板面积的1/20;当采用

自然通风的房间外设置阳台时,阳台的自然通风开口面积不应小于采用自然通风的房间和阳台地板面积总和的 1/20;

2 厨房的直接自然通风开口面积不应小于该房间地板面积的 1/10,并不得小于 0.60 m²;当厨房外设置阳台时,阳台的自然通风开口面积不应小于厨房和阳台地板面积总和的 1/10,并不得小于 0.60 m²。

### 7.3 隔声、降噪

7.3.1 卧室、起居室(厅)内噪声级,应符合下列规定:

1 昼间卧室内的等效连续 A 声级不应大于 45 dB;

2 夜间卧室内的等效连续 A 声级不应大于 37 dB;

3 起居室(厅)的等效连续 A 声级不应大于 45 dB。

7.3.2 分户墙和分户楼板的空气声隔声性能应符合下列规定:

1 分隔卧室、起居室(厅)的分户墙和分户楼板,空气声隔声评价量(RW+C)应大于 45 dB;

2 分隔住宅和非居住用途空间的楼板,空气声隔声评价量(RW+Ctr)应大于 51 dB。

7.3.3 卧室、起居室(厅)的分户楼板的计权规范化撞击声压级宜小于 75 dB。当条件受到限制时,分户楼板的计权规范化撞击声压级应小于 85 dB,且应在楼板上预留可供今后改善的条件。

7.3.4 住宅建筑的体形、朝向和平面布置应有利于噪声控制。在住宅平面设计时,当卧室、起居室(厅)布置在噪声源一侧时,外窗应采取隔声降噪措施;当居住空间与可能产生噪声的房间相邻时,分隔墙和分隔楼板应采取隔声降噪措施;当内天井、凹天井中设置相邻户间窗口时,宜采取隔声降噪措施。

7.3.5 起居室(厅)不宜紧邻电梯布置。受条件限制起居室(厅)紧邻电梯布置时,必须采取有效的隔声和减振措施。

### 7.4 防水、防潮

7.4.1 住宅的屋面、地面、外墙、外窗应采取防止雨水和冰雪融化水侵入室内的措施。

7.4.2 住宅的屋面和外墙的内表面在设计的室内温度、湿度条件下不应出现结露。

### 7.5 室内空气质量

7.5.1 住宅室内装修设计宜进行环境空气质量预评价。

7.5.2 在选用住宅建筑材料、室内装修材料以及选择施工工艺时,应控制有害物质的含量。

表 7.5.3 住宅室内空气污染物限值

| 污染物名称 | 活度、浓度限值 |
| --- | --- |
| 氡 | ≤200(Bq/m³) |
| 游离甲醛 | ≤0.08(mg/m³) |
| 苯 | ≤0.09(mg/m³) |
| 氨 | ≤0.2(mg/m³) |
| TVOC | ≤0.5(mg/m³) |

7.5.3 住宅室内空气污染物的活度和浓度应符合表 7.5.3 的规定。

## 8 建 筑 设 备

### 8.1 一 般 规 定

8.1.1 住宅应设置室内给水排水系统。

8.1.2 严寒和寒冷地区的住宅应设置采暖设施。

8.1.3 住宅应设置照明供电系统。

8.1.4 住宅计量装置的设置应符合下列规定:

1 各类生活供水系统应设置分户水表;

2 设有集中采暖(集中空调)系统时,应设置分户热计量装置;

3　设有燃气系统时,应设置分户燃气表;

4　设有供电系统时,应设置分户电能表。

8.1.5　机电设备管线的设计应相对集中、布置紧凑、合理使用空间。

8.1.6　设备、仪表及管线较多的部位,应进行详细的综合设计,并应符合下列规定:

1　采暖散热器、户配电箱、家居配线箱、电源插座、有线电视插座、信息网络和电话插座等,应与室内设施和家具综合布置;

2　计量仪表和管道的设置位置应有利于厨房灶具或卫生间卫生器具的合理布局和接管;

3　厨房、卫生间内排水横管下表面与楼面、地面净距应符合本规范第5.5.5条的规定;

4　水表、热量表、燃气表、电能表的设置应便于管理。

8.1.7　下列设施不应设置在住宅套内,应设置在共用空间内:

1　公共功能的管道,包括给水总立管、消防立管、雨水立管、采暖(空调)供回水总立管和配电和弱电干线(管)等,设置在开敞式阳台的雨水立管除外;

2　公共的管道阀门、电气设备和用于总体调节和检修的部件,户内排水立管检修口除外;

3　采暖管沟和电缆沟的检查孔。

8.1.8　水泵房、冷热源机房、变配电室等公共机电用房应采用低噪声设备,且应采取相应的减振、隔声、吸音、防止电磁干扰等措施。

## 8.2　给　水　排　水

8.2.1　住宅各类生活供水系统水质应符合国家现行标准的相关规定。

8.2.2　入户管的供水压力不应大于0.35 MPa。

8.2.3　套内用水点供水压力不宜大于0.20 MPa,且不应小于用水器具要求的最低压力。

8.2.4　住宅应设置热水供应设施或预留安装热水供应设施的条件。生活热水的设计应符合下列规定:

1　集中生活热水系统配水点的供水水温不应低于45 ℃;

2　集中生活热水系统应在套内热水表前设置循环回水管;

3　集中生活热水系统热水表后或户内热水器不循环的热水供水支管,长度不宜超过8 m。

8.2.5　卫生器具和配件应采用节水型产品。管道、阀门和配件应采用不易锈蚀的材质。

8.2.6　厨房和卫生间的排水立管应分别设置。排水管道不得穿越卧室。

8.2.7　排水立管不应设置在卧室内,且不宜设置在靠近与卧室相邻的内墙;当必须靠近与卧室相邻的内墙时,应采用低噪声管材。

8.2.8　污废水排水横管宜设置在本层套内;当敷设于下一层的套内空间时,其清扫口应设置在本层,并应进行夏季管道外壁结露验算和采取相应的防止结露的措施。污废水排水立管的检查口宜每层设置。

8.2.9　设置淋浴器和洗衣机的部位应设置地漏,设置洗衣机的部位宜采用能防止溢流和干涸的专用地漏。洗衣机设置在阳台上时,其排水不应排入雨水管。

8.2.10　无存水弯的卫生器具和无水封的地漏与生活排水管道连接时,在排水口以下应设存水弯;存水弯和有水封地漏的水封高度不应小于50 mm。

8.2.11　地下室、半地下室中低于室外地面的卫生器具和地漏的排水管,不应与上部排水管连接,应设置集水设施用污水泵排出。

8.2.12　采用中水冲洗便器时,中水管道和预留接口应设明显标识。座便器安装洁身器时,洁身器应与自来水管连接,禁止与中水管连接。

8.2.13　排水通气管的出口,设置在上人屋面、住户平台上时,应高出屋面或平台地面2.00 m;当周围4.00 m之内有门窗时,应高出门窗上口0.60 m。

## 8.3　采　　暖

8.3.1　严寒和寒冷地区的住宅宜设集中采暖系统。夏热冬冷地区住宅采暖方式应根据当地能源情况,经技术经济分析,并根据用户对设备运行费用的承担能力等因素确定。

8.3.2 除电力充足和供电政策支持,或建筑所在地无法利用其他形式的能源外,严寒和寒冷地区、夏热冬冷地区的住宅不应设计直接电热作为室内采暖主体热源。

8.3.3 住宅采暖系统应采用不高于95℃的热水作为热媒,并应有可靠的水质保证措施。热水温度和系统压力应根据管材、室内散热设备等因素确定。

8.3.4 住宅集中采暖的设计,应进行每一个房间的热负荷计算。

8.3.5 住宅集中采暖的设计应进行室内采暖系统的水力平衡计算,并应通过调整环路布置和管径,使并联管路(不包括共同段)的阻力相对差额不大于15%;当不满足要求时,应采取水力平衡措施。

8.3.6 设置采暖系统的普通住宅的室内采暖计算温度,不应低于表8.3.6的规定。

表 8.3.6 室内采暖计算温度

| 用房 | 温度/℃ |
|---|---|
| 卧室、起居室(厅)和卫生间 | 18 |
| 厨房 | 15 |
| 设采暖的楼梯间和走廊 | 14 |

8.3.7 设有洗浴器并有热水供应设施的卫生间宜按沐浴时室温为25℃设计。

8.3.8 套内采暖设施应配置室温自动调控装置。

8.3.9 室内采用散热器采暖时,室内采暖系统的制式宜采用双管式;如采用单管式,应在每组散热器的进出水支管之间设置跨越管。

8.3.10 设计地面辐射采暖系统时,宜按主要房间划分采暖环路。

8.3.11 应采用体型紧凑、便于清扫、使用寿命不低于钢管的散热器,并宜明装,散热器的外表面应刷非金属性涂料。

8.3.12 采用户式燃气采暖热水炉作为采暖热源时,其热效率应符合《家用燃气快速热水器和燃气采暖热水炉能效限定值及能效等级》中能效等级3级的规定值。

### 8.4 燃 气

8.4.1 住宅管道燃气的供气压力不应高于0.2 MPa。住宅内各类用气设备应使用低压燃气,其入口压力应在0.75~1.5倍燃具额定范围内。

8.4.2 户内燃气立管应设置在有自然通风的厨房或与厨房相连的阳台内,且宜明装设置,不得在通风排气竖井内。

8.4.3 燃气设备的设置应符合下列规定:

1 燃气设备严禁设置在卧室内;

2 严禁在浴室内安装直接排气式、半密闭式燃气热水器等在使用空间内积聚有害气体的加热设备;

3 户内燃气灶应安装在通风良好的厨房、阳台内;

4 燃气热水器等燃气设备应安装在通风良好的厨房、阳台内或其他非居住房间。

8.4.4 住宅内各类用气设备的烟气必须排至室外。排气口应采取防风措施,安装燃气设备的房间应预留安装位置和排气孔洞位置;当多台设备合用竖向排气道排放烟气时,应保证互不影响。

户内燃气热水器、分户设置的采暖或制冷燃气设备的排气管不得与燃气灶排油烟机的排气管合并接入同一管道。

8.4.5 使用燃气的住宅,每套的燃气用量应根据燃气设备的种类、数量和额定燃气量计算确定,且应至少按一个双眼灶和一个燃气热水器计算。

### 8.5 通 风

8.5.1 排油烟机的排气管道可通过竖向排气道或外墙排向室外。当通过外墙直接排至室外时,应在室外排气口设置避风、防雨和防止污染墙面的构件。

8.5.2 严寒、寒冷、夏热冬冷地区的厨房,应设置供厨房房间全面通风的自然通风设施。

8.5.3 无外窗的暗卫生间,应设置防止回流的机械通风设施或预留机械通风设置条件。

8.5.4 以煤、薪柴、燃油为燃料进行分散式采暖的住宅,以及以煤、薪柴为燃料的厨房,应设烟囱;上下层或相邻房间合用一个烟囱时,必须采取防止串烟的措施。

## 8.6 空　　调

8.6.1 位于寒冷(B区)、夏热冬冷和夏热冬暖地区的住宅,当不采用集中空调系统时,主要房间应设置空调设施或预留安装空调设施的位置和条件。

8.6.2 室内空调设备的冷凝水应能有组织地排放。

8.6.3 当采用分户或分室设置的分体式空调器时,室外机的安装位置应符合本规范第5.6.8条的规定。

8.6.4 住宅计算夏季冷负荷和选用空调设备时,室内设计参数宜符合下列规定:

1 卧室、起居室室内设计温度宜为 26 ℃;

2 无集中新风供应系统的住宅新风换气宜为 1 次/h。

8.6.5 空调系统应设置分室或分户温度控制设施。

## 8.7 电　　气

8.7.1 每套住宅的用电负荷应根据套内建筑面积和用电负荷计算确定,且不应小于2.5 kW。

8.7.2 住宅供电系统的设计,应符合下列规定:

1 应采用 TT、TN-C-S 或 TN-S 接地方式,并应进行总等电位联结;

2 电气线路应采用符合安全和防火要求的敷设方式配线,套内的电气管线应采用穿管暗敷设方式配线。导线应采用铜芯绝缘线,每套住宅进户线截面不应小于 10 mm²,分支回路截面不应小于2.5 mm²;

3 套内的空调电源插座、一般电源插座与照明应分路设计,厨房插座应设置独立回路,卫生间插座宜设置独立回路;

4 除壁挂式分体空调电源插座外,电源插座回路应设置剩余电流保护装置;

5 设有洗浴设备的卫生间应作局部等电位联结;

6 每幢住宅的总电源进线应设剩余电流动作保护或剩余电流动作报警。

8.7.3 每套住宅应设置户配电箱,其电源总开关装置应采用可同时断开相线和中性线的开关电器。

8.7.4 套内安装在 1.80 m 及以下的插座均应采用安全型插座。

8.7.5 共用部位应设置人工照明,应采用高效节能的照明装置和节能控制措施。当应急照明采用节能自熄开关时,必须采取消防时应急点亮的措施。

8.7.6 住宅套内电源插座应根据住宅套内空间和家用电器设置,电源插座的数量不应少于表8.7.6的规定。

表 8.7.6　电源插座的设置数量

| 空间 | 设置数量和内容 |
| --- | --- |
| 卧室 | 一个单相三线和一个单相二线的插座两组 |
| 兼起居的卧室 | 一个单相三线和一个单相二线的插座三组 |
| 起居室(厅) | 一个单相三线和一个单相二线的插座三组 |
| 厨房 | 防溅水型一个单相三线和一个单相二线的插座两组 |
| 卫生间 | 防溅水型一个单相三线和一个单相二线的插座一组 |
| 布置洗衣机、冰箱、排油烟机、排风机及预留家用空调器处 | 专用单相三线插座各一个 |

8.7.7 每套住宅应设有线电视系统、电话系统和信息网络系统,宜设置家居配线箱。有线电视、电

话、信息网络等线路宜集中布线。并应符合下列规定：

　　1　有线电视系统的线路应预埋到住宅套内。每套住宅的有线电视进户线不应少于1根，起居室、主卧室、兼起居的卧室应设置电视插座；

　　2　电话通讯系统的线路应预埋到住宅套内。每套住宅的电话通讯进户线不应少于1根，起居室、主卧室、兼起居的卧室应设置电话插座；

　　3　信息网络系统的线路宜预埋到住宅套内。每套住宅的进户线不应少于1根，起居室、卧室或兼起居室的卧室应设置信息网络插座。

　　8.7.8　住宅建筑宜设置安全防范系统。

　　8.7.9　当发生火警时，疏散通道上和出入口处的门禁应能集中解锁或能从内部手动解锁。

**本规范用词说明**

　　1　为便于在执行本规范条文时区别对待，对要求严格程度不同的用词，说明如下：

　　1）表示很严格，非这样做不可的用词：

　　正面词采用"必须"，反面词采用"严禁"；

　　2）表示严格，在正常情况下均应这样做的用词：

　　正面词采用"应"，反面词采用"不应"或"不得"；

　　3）表示允许稍有选择，在条件许可时首先应这样做的用词：

　　正面词采用"宜"，反面词采用"不宜"；

　　4）表示有选择，在一定条件下可以这样做的用词，采用"可"。

　　2　本规范中指明应按其他有关标准执行的写法为："应符合……的规定"或"应按……执行"。

# 4.3　设计任务书

## 1. 任务书一：建筑师之家设计任务书

　　某建筑师在南方某市远郊购得一处开阔地（详见地形图），现拟建造一栋别墅，作为家庭居住、休闲度假之用（家庭构成：40岁左右夫妇、8岁女儿、3岁儿子，共4人，夫妻双方父母偶来同住）。家庭成员具体情况如表4-3所示。

表4-3　家庭成员情况

| 家庭构成 | 职业 | 爱好 |
|---|---|---|
| 男主人 | 建筑师 | 运动 |
| 女主人 | 大学老师 | 音乐、花艺 |
| 女儿 | 小学生 | 钢琴 |
| 儿子 | 幼儿园小班学生 | — |
| 双方父母 | 退休 | 花艺、书报、棋牌 |

　　1）设计要求

　　建筑可为1～3层（可局部4层），建筑形式为现代式，材料选择不限。建设地段内有水电设施。

　　① 以经济、适用、美观为设计原则，满足业主一家生活、休闲、娱乐等需要。

　　② "由外而内"：从环境出发，合理组织建筑布局，包括功能分区、主次出入口位置、停车位、室外活动

场地、与环境或绿化结合等。

③ "内外结合":功能组织合理,内外空间层次丰富,使用空间尺度适宜,合理布置家具。

④ 尺度亲切,造型优美,室内外空间关系良好,结构合理,具有良好的采光和通风条件。

2)建筑空间组成

(1)总建筑面积控制在 $350 \ m^2$ 左右

建筑面积是指住宅建筑外墙外围线测定的各层平面面积之和,本案按轴线计算,上下浮动不超过 5%。

(2)面积分配(以下指标均为使用面积,带 * 者为可设可不设,其他房间均应满足)

① 主要房间。

a. 客厅:1 间,30～50 $m^2$,会朋友、宴宾之用。

b. 起居室:1 间,25～30 $m^2$,家人休息及近亲光临之室。

c. 影音娱乐室:1 间,20～30 $m^2$,会客娱乐之用。

d. 工作空间:1～2 间,25～30 $m^2$,视使用者职业特点而定。

e. 餐厅:1 间,12～20 $m^2$,家庭使用,可容纳 8 人餐桌;应与厨房有直接的联系,可与起居空间组合布置,空间相互流通。

f. 厨房:1 间,10 $m^2$ 以上;可设单独出入口,中餐烹调,可设早餐台,方便送餐至餐厅。

g. 主卧室:1 间,25 $m^2$ 以上,双人房,带独立卫生间和步入式衣帽间。

h. 次卧室:间数自拟,18 $m^2$ 以上,单人房,带壁柜。

i 客房:1 间,15 $m^2$ 以上,双人房或单人房,与主卧适当分开,带壁柜。

j. 卫生间:3 间以上,每间 6 $m^2$ 以上;主卧独用,次卧与客卧可合用,起居室必须附设公用卫生间。

k. 保姆房:1 间,12 $m^2$ 以上,单人房,附卫生间。

② 附属房间。

a. 洗涤间:1 间,5 $m^2$ 以上,设洗衣机、盥洗池,可结合卫生间设置,也可分开设置。

b. 车库:1 间,可容纳轿车一辆。

c. 储藏室:面积自定,一间或多间,供堆放家用杂物或存放日常用品等。

d. 其他功能房:根据业主需要可灵活增加。

③ 室外用地。

a. 停车位:可放轿车 1～2 辆。

b. 儿童游乐场地:面积自定,采用软质铺地。

c. 景观、绿化:自定。

3)图纸内容及要求

(1)图纸内容

a. 总平面图,比例为 1:300(表达建筑与原有地段关系及周边道路状况)。

b. 首层平面图,比例为 1:100(包括建筑周边绿地、庭院等外部环境设计)。

c. 其他各层平面,比例为 1:100(标明房间名称,禁用编号表达)。

d. 立面图 2 个,比例为 1:100。

e. 剖面图 1 个,比例为 1:100。

f. 室内外透视各 1 个(墨线淡彩)。

g. 手工模型及附图照片。

注:图纸上除标题以外的字体,必须用仿宋字或工程字,禁用手写体或草书。

(2)图纸要求

① 图幅 A2(594 mm×420 mm)。

② 必须手工作图,彩色渲染。

③ 图纸粗细有别,运用合理;文字与数字书写工整,表达清晰。

4)进度安排

进度安排如表 4-4 所示。

表 4-4 进度安排

| 时 间 | 课程内容 | 作 业 要 求 |
|---|---|---|
| 第 1 周 | 课程讲解 | 收集资料,讲解任务书,环境分析 |
| 第 2~3 周 | 一草 | 建筑总平面图、平面图、草模、方案比较<br>(建议选择 2 个以上差别较大的方案进行比较、推敲) |
| 第 4~5 周 | 二草 | ①建筑各层平面图(按 1:100 比例绘制);<br>②针对方案存在的问题进行调整;<br>③造型体量透视、方案调整、推敲;<br>④模型推敲 |
| 第 6~7 周 | 三草 | ① 进一步细化方案;<br>② 主要房间布置家具;<br>③ 基地内环境设计;<br>④ 完善工作模型 |
| 第 8 周 | 集中上版 | —— |

5)参考资料

①《建筑设计资料集》编委会编《建筑设计资料集》,中国建筑工业出版社出版。

② 张绮曼、郑曙旸主编《室内设计资料集》,中国建筑工业出版社出版。

③ 邹颖、卞洪滨主编《别墅设计》,中国建筑工业出版社出版。

④ 建设部主编《建筑制图标准》,中国计划出版社出版。

⑤《建筑学报》《世界建筑》《建筑师》等建筑类杂志中有关别墅建筑设计的案例。

6)地形图

① 该用地位于某南方城市郊区,用地周边环境良好,有良好的景观价值。

② 该地块的西侧有一条宽约 7 m 的道路;东面为一条大河,宽约 40 m,河面平静,景色宜人。基地为典型的山地地形、不受洪水威胁,其地形如图 4-11 所示。

③ 修建要求:退让郊区道路 3 m。

## 2. 任务书二:独立式别墅设计—— 艺术家之家

1)教学目的

通过别墅建筑方案设计,初步掌握建筑设计的基本方法和步骤。

① 重点解决建筑设计中的单一空间设计和功能组合,通过独立住宅或者别墅的设计,熟悉小型建筑设计的流程和方法,培养主动获取知识、独立研究问题的能力,加深对小建筑设计的理解和认识。

② 熟悉和掌握建筑适宜的空间尺度,创造个性空间、建筑形态,注重建筑与周边环境之间的协调关系。

③ 掌握总图设计中的环境设计和规划方法。

④ 学习并掌握小型建筑设计规范和各项设计的相关要求,熟练掌握草图表达方案设计。

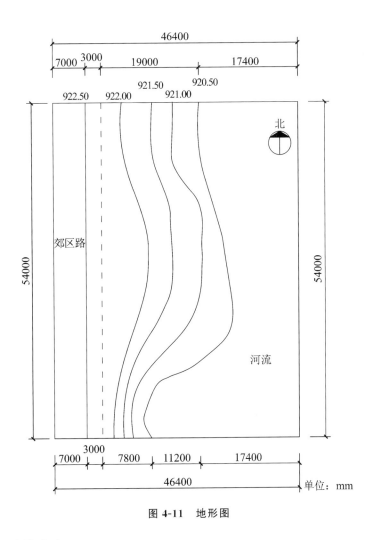

图 4-11 地形图

2）项目概况及设计内容

3 位志同道合的现代艺术家拟在某市的滨湖区修筑 3 栋私人别墅,供度假、生活所用。

艺术家的身份自拟,建筑应该能够代表其生活品位和艺术特质,3 栋别墅之间应该有所呼应。具体要求如下。

① 建筑面积在 300～350 m² 的独户住宅。

② 规模和标准:一个四口之家,包括一对夫妇、一位老人、一个小孩。

③ 建筑形式:现代式。

④ 层数:3 层。

⑤ 户内面积要求如下(所有面积以轴线计)。

a. 客厅:30～50 m²;

b. 起居室(可配家庭活动室):25～40 m²;

c. 主卧室:25～35 m²(含独立卫生间和步入室更衣间);

d. 次卧室:15～30 m²,3 个(包括 1 间客卧);

e. 佣人房:12 m² 以上(内附卫生间);

f. 书房:20 m²;

g. 厨房:10～15 m²;

h. 餐厅:10～20 m²;

i. 厕所、浴室、洗手间:6 m² 以上/间;

j. 工作室 1 间:20～30 m²;

k. 车库:1 个;

l. 室外停车位:2～3 个;

m. 工作室:视使用者职业特点而定,可设置琴房、画室、舞蹈室、娱乐室、健身房和书房等,可单独设置亦可与起居室结合,与客厅往来便利;

n. 交通联系部分(过厅、走道、楼梯):面积约占以上面积之和的 15％～20％;

o. 其他辅助房间:如健身房、温室、露台、阳台等,由设计者自行考虑设计。

3)设计要求

① 学习灵活多变的小型居住建筑的设计方法,掌握住宅设计的基本原理,在妥善解决功能问题的基础上,力求方案设计富有个性和时代感;体现现代居住建筑的特点和业主的身份及文化品位。

② 初步了解建筑物与周围环境密切结合的重要性及周围环境对建筑的影响,紧密结合基地环境,处理好建筑与环境的关系。室内、室外相结合。绿地率不小于 30％。在平面布局和体形推敲时,要充分考虑其与附近现有建筑和周围环境之间的关系及所在地区的气候特征。

③ 艺术家的身份可自拟,并做出相应的室内布局。

4)设计成果要求:图纸(手绘)＋模型

(1)图纸规格

① 图纸尺寸:A2。

② 每套图纸须有统一的图名和图号。

(2)图纸内容

① 效果图:1～2 个,水彩或水粉表达。

② 总平面图。比例:1:500。要求:画出准确的屋顶平面并注明层数,注明建筑出入口的性质和位置;画出详细的室外环境布置(包括道路、绿化、小品等),正确表现建筑环境与道路的交接关系;标注指北针。

③ 各层平面图。比例:1:100。要求:应注明各房间名称(禁用编号表示);首层平面图应表现局部室外环境,画剖切标志;各层平面均应标明标高,同层中有高差变化时亦须注明。

a. 一层平面图:包括周围环境设计,室内家具、卫生设备布置。

b. 其他层平面图:包括室内家具、卫生设备布置。

④ 立面图。比例:1:100。要求:不少于两个,至少一个应看到主入口,制图要求区分粗细线来表达建筑立面各部分的关系。

⑤ 剖面图。比例:1:100。要求:不少于一个,应选在具有代表性之处,应注明室内外、各楼地面及檐口标高。

⑥ 设计说明

a. 设计构思说明。

b. 技术经济指标:总建筑面积、总用地面积、建筑容积率、绿化率、建筑高度等。

c. 要求:所有字应用仿宋字整齐书写,禁用手写体。

(3)模型要求

① 按照比例制作,利用卡纸、玻璃纸等清晰表达出别墅的造型、材质。

② 反映建筑周围环境的布置和道路关系等。

③ 拍照并附照片于图纸上。

5)进度安排

进度安排如表 4-5 所示。

表 4-5　进度安排

| 时　　间 | 课程内容 | 作业要求 |
|---|---|---|
| 第 1 周 | 课程讲解 | 收集资料,讲解任务书,环境分析 |
| 第 2～3 周 | 一草 | 建筑总平面图、平面图、草模、方案比较<br>(建议选择 2 个以上差别较大的方案进行比较、推敲) |
| 第 4～5 周 | 二草 | ① 建筑各层平面图(按 1:100 比例绘制);<br>② 造型体量透视(大样);<br>③ 方案调整、推敲;<br>④ 模型推敲 |
| 第 6～7 周 | 三草 | ① 进一步细化方案;<br>② 主要房间布置家具;<br>③ 基地内环境设计;<br>④ 完善工作模型 |
| 第 8 周 | 集中上版 | —— |

6)参考资料

① 建筑设计资料集编委会编《建筑设计资料集》,中国建筑工业出版社出版。

② 张绮曼、郑曙旸主编《室内设计资料集》,中国建筑工业出版社出版。

③ 邹颖、卞洪滨主编《别墅设计》,中国建筑工业出版社出版。

④ 建设部主编《建筑制图标准》,中国计划出版社出版。

⑤《建筑学报》《世界建筑》《建筑师》等杂志中有关别墅建筑设计的案例。

7)地形图

① 该地位于某市近郊的滨湖区,共有 3 块地块,北侧有一条宽约 7 m 的道路,交通方便,景色宜人,湖面平静,其地形如图 4-12 所示。

② 等高线高差为 1 m。

③ 地块 1 为典型的山地地形,地块 2 中有一颗古树位于西北角,地块 3 的用地范围呈不规则形。

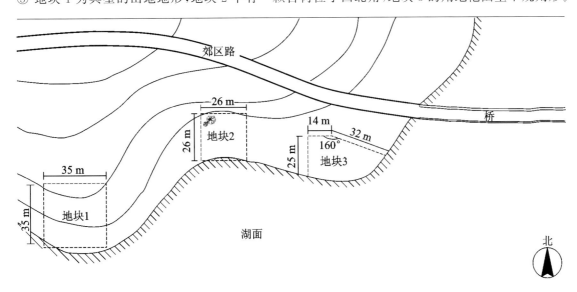

图 4-12　地形图

# 4.4 作业范例及评析

### 1. 格子时光（2014 级城乡规划专业·杨成航）

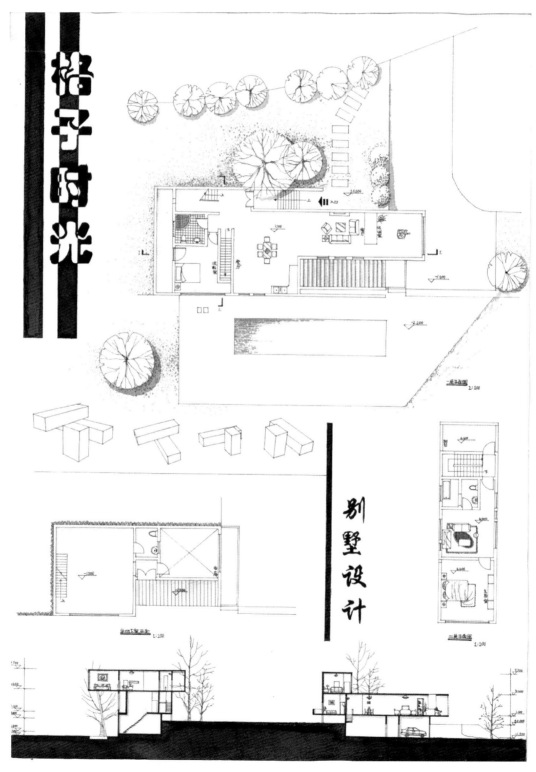

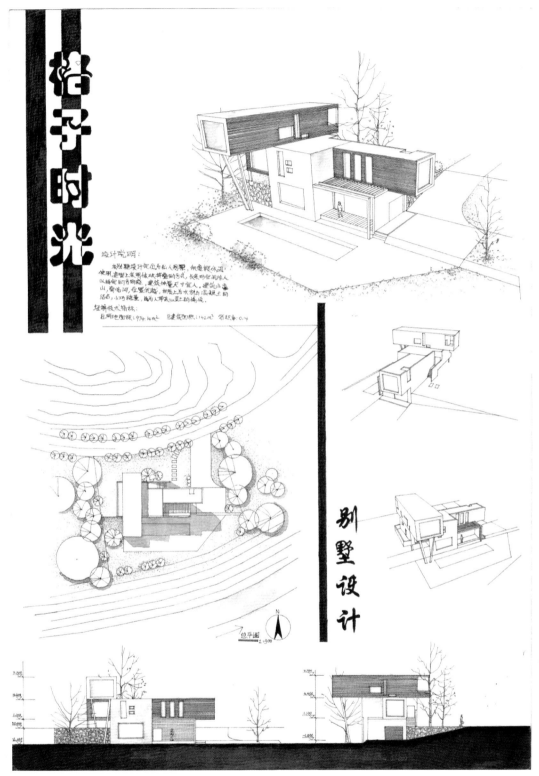

格子时光

别墅设计

作业评析：

设计：该方案巧妙地以形体的组合、穿插为出发点，运用对比的手法，塑造了轻盈、明快的建筑个性，造型设计可圈可点，在竖向设计上充分考虑了山地地形条件并予以利用，形成了多层次的立体入口空间，是典型的山地别墅。

表现：版面构图活泼、色调统一，以单色渲染的方式让画面的统一感增强，建筑细部材质的表达也体现了该学生的基本功底，各图通过配景的表达形成了统一、完整的画面。

**2. 建筑师之家(2014 级城乡规划专业,韦宗琪)**

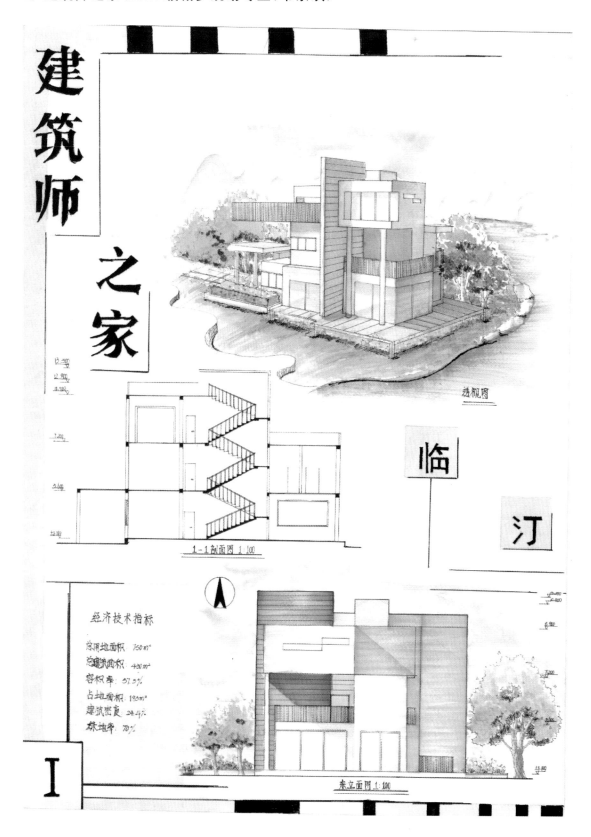

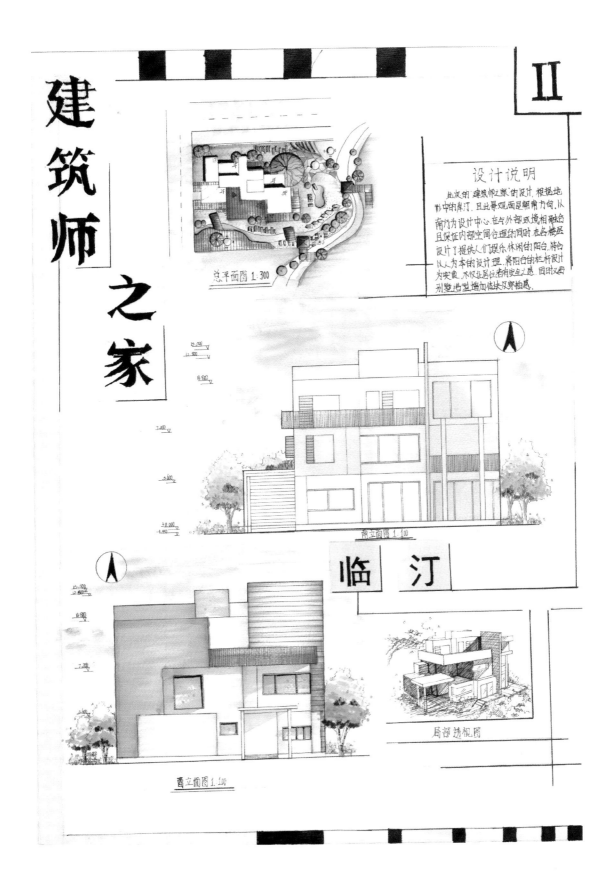

建筑师之家

Ⅱ

总平面图 1:300

设 计 说 明

此次的"建筑师之家"的设计，根据地形中的车汀，且此景观面呈朝南方向，以南方为设计中心，在与外部环境相融合且保在内部空间合理的同时，在各楼层设计了提供人们娱乐休闲的阳台，将台以人本的设计理，将阳台的栏杆设计为实墙，不仅北居住者有更生之感，同时又给别墅造型增加体块及穿插感。

南立面图 1:100

临汀

西立面图 1:100

局部透视图

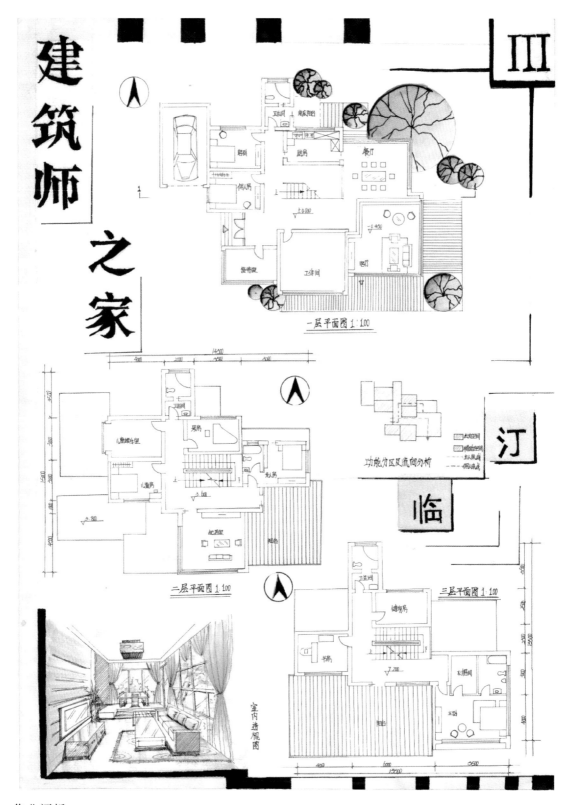

建筑师之家

一层平面图1:100

功能分区及流向分析

二层平面图1:100

三层平面图1:100

室内透视图

汀临

作业评析:

　　该方案平面功能布局合理、流线清晰;总平面图布置成熟,充分利用了建筑所处的山水环境,庭院环境布置适宜、景观良好;建筑形象灵巧生动,符合小住宅的设计特点;构图内容丰富、色调统一,绘图认真,对建筑的配景表达较为细致,体现了设计者的用心。图纸的排版上则略显不足:以豆腐块状的排版为主,平铺直叙,缺少亮点,其中Ⅲ号图纸将各层平面图均布置其上,显得拥挤而又亮点不足。

### 3. 享自然（2015 级建筑学专业·余超）

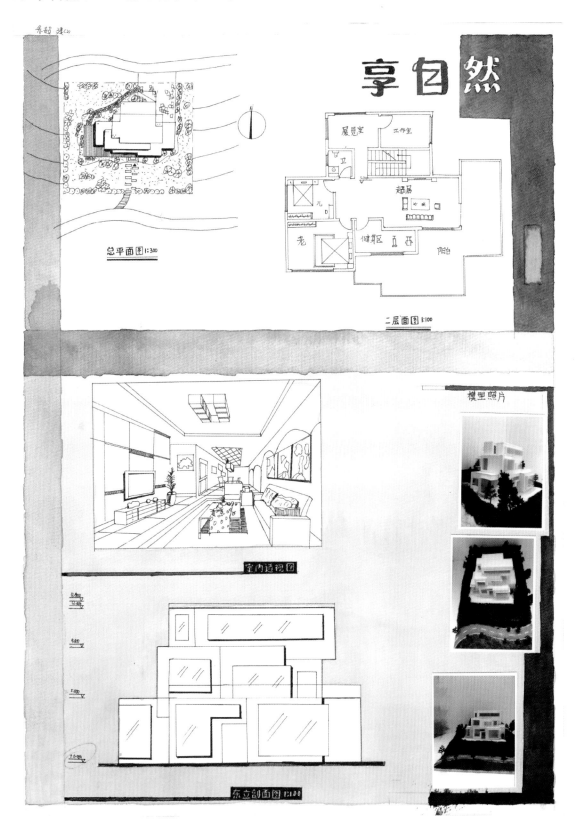

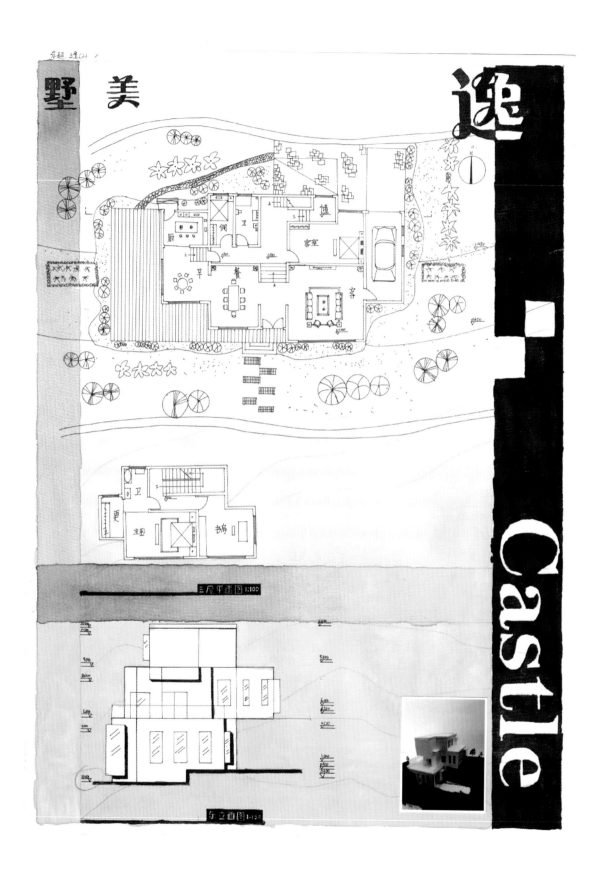

逸

野 美

三层平面图 1:100

东立面图 1:100

客室

厨 餐 早 客

卫 厕 值

主卧 更 卫 书房

Castle

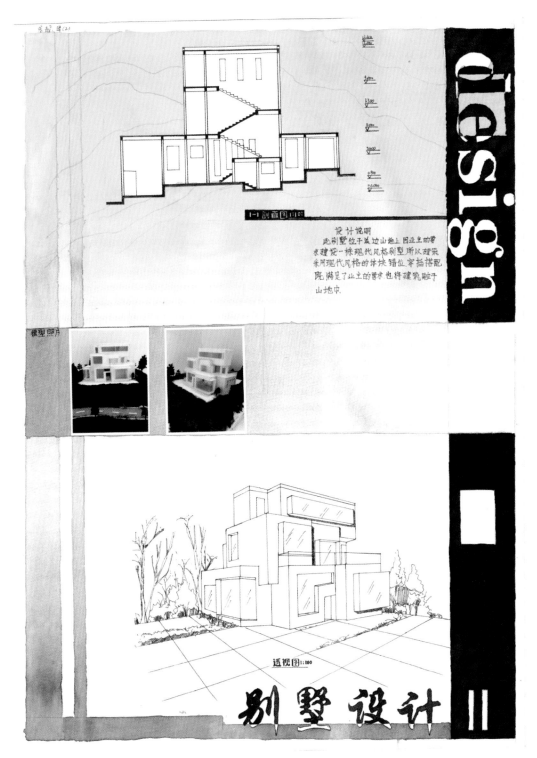

作业评析：

设计：该别墅坐落于山地环境中，学生在设计的过程中充分考虑了山地环境的影响，不仅在室内因地制宜、顺应地形高差，采取了错层、多层次入口空间等山地建筑的常用设计方法，同时，在建筑形象上也采用跌落的形式，符合山地的走势。但在总平面设计上考虑欠佳、深度不够，连贯性、层次性不佳。

表现：版面采用了统一的布局方式，大胆选取了饱和度高的明黄色做单色渲染，统一性强。但是，版面设计的分隔过于明确，使画面显得呆板，制图马虎、潦草，渲染缺少过渡，效果图的表达缺少细节等都严重干扰了图面效果。

**4. 溪边别墅设计**(2015 级建筑学专业,张丽)

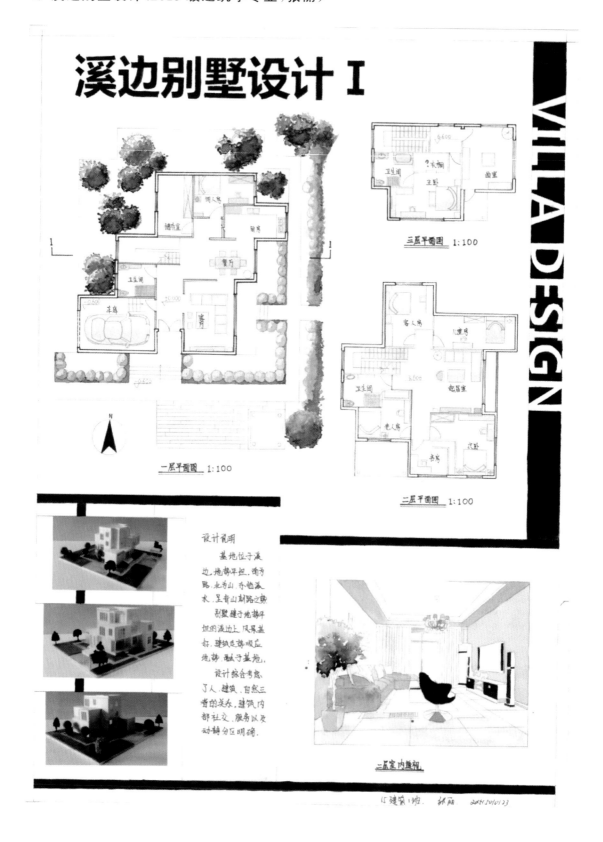

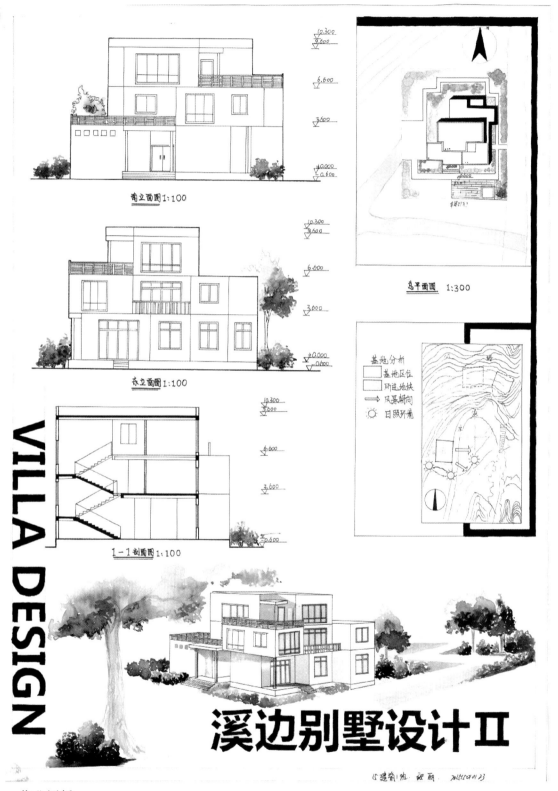

南立面图1:100

东立面图1:100

1-1剖面图1:100

总平面图　1:300

基地分析
基地区位
所选地块
风景朝向
日照环境

VILLA DESIGN

溪边别墅设计Ⅱ

作业评析：

　　该设计平面布置合理,造型设计与立面设计逻辑清晰。但整体而言,缺少设计亮点,在造型上细节考虑不够,总平面设计较为单调,不够灵活。图面布置工整、深度统一、线条流畅、画面清新素雅,整体性强,但从图面表达中也可以看出设计者的渲染表现功力欠缺,过渡生硬。

## 5. 山地别墅（2015 级建筑学专业，何冬惠）

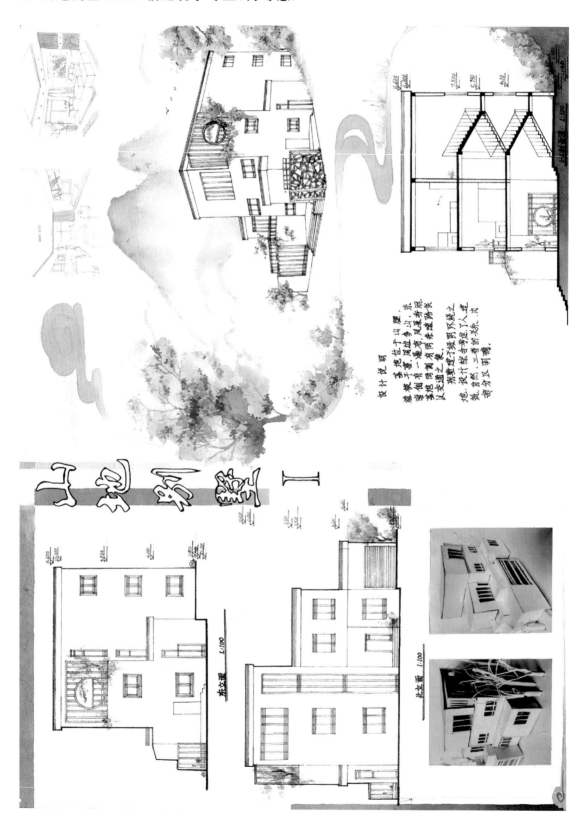

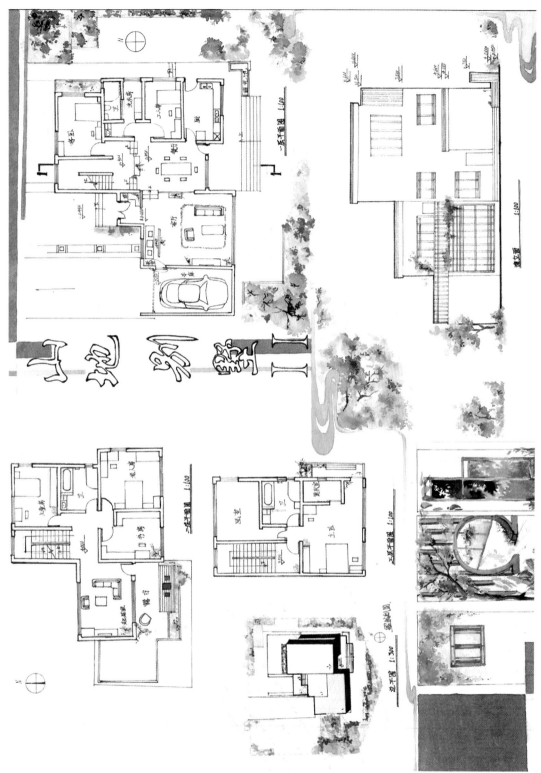

作业评析：

　　该设计平面布置合理，流线清晰。结合地形，在底层做了不同的标高处理，使空间更加灵活、多变，可惜在剖面图上未能表现出这一点。该作业最大的亮点在于：无论是在设计上还是画面表现上，都将古朴、雅致的中国风进行到底，统一性极强，使人油然产生一种"采菊东篱下，悠然见南山"的田园牧歌憧憬，十分具有说服力。缺点：总平面设计深度不够，缺少对场地材质的设计与表达；建筑造型手法不够丰富，形式较为单调，缺少变化；画面的配景表达上层次性欠缺，细节表达不够充分。

# 第 5 章　餐饮建筑设计

我国自古以来就有民以食为天的说法,从春秋战国发展到唐宋,后至清末,已形成以川菜、鲁菜、粤菜、闽菜、苏菜、浙菜、湘菜、徽菜"八大菜系"为主的饮食文化。我国饮食文化不仅体现在菜系品种和口味上,还体现在早餐、中餐、晚餐、夜宵等不同时间不同就餐选择上,这使得大小不一的各种餐馆和饮食店变成了我国饮食文化的一部分。

餐馆、快餐店、饮品店和食堂,共同构成了餐饮建筑。餐馆是就餐或宴请宾客的营业性场所,为消费者提供各式餐点、酒水和饮料,其规模可大可小,可以是中餐厅也可以是西餐厅,饭店、酒楼、火锅店等都属于餐馆。快餐店是指能在短时间内为消费者提供方便快捷的餐点、饮料等食物的营业性场所,其食品加工供应形式以集中加工配送,在分店简单加工和配餐供应为主。饮品店包括咖啡厅、茶馆、酒吧等,是供应咖啡、酒水等冷热饮料及果蔬、甜品和简餐的营业场所。食堂是指设于机关、学校和企事业单位内部,供应员工、学生就餐的场所,一般具有饮食品种多样、消费人群固定、供餐时间集中等特点。随着社会经济的发展,人们对餐饮的要求及餐饮消费的观念也悄然发生着变化。近年来,餐饮收入在我国社会消费品零售总额中的占比一直居 10% 左右的高位,且有逐年稳步小幅提升的趋势(图 5-1)。对餐饮企业而言,这既是机遇也是挑战,对餐饮建筑设计而言,亦是如此。

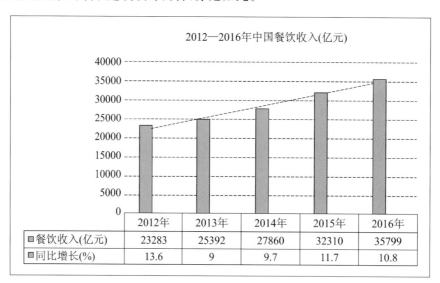

**图 5-1　2012—2016 年中国餐饮收入**

(数据来源:中商产业研究院)

不同菜系有不同特点,烹饪手法各不相同(炒、炸、爆、溜、烧、焖、煮、蒸等几十种之多),制作工序、用餐环境也存在很大区别。随着改革开放和中西文化的融合,近年来西餐也逐渐被大家接受,各种西餐厅如雨后春笋般出现在我们的生活中。西餐的制作工序和方法及用餐环境与中餐存在很大的差别。无论是制作工序和方法,还是用餐环境,都是餐饮建筑设计的基础,也是设计中必须考虑的问题。中国烹饪协会近三年的《餐饮消费调查报告》显示:就餐环境、菜系风味、安全卫生、服务质量依次为影响消费者选择餐厅的几大主要因素。因此,根据餐馆特点及定位打造合适的就餐环境,根据菜的制作工序和烹饪手法设计干净、方便、快捷、高效的制餐环境,都是餐饮建筑设计中必须考虑的问题。同时,随着餐饮业市场环境的逐步变化,餐饮消费者希望获得更有品位、更具个性、更符合需求的餐饮服务,这也为餐饮建筑设计提出了新的要求。

　　设计卫生、合理、便捷的餐饮制作环境以及符合菜式特点，满足消费者需求，营造舒适的用餐环境，即为餐饮建筑设计最基本的要求。

# 5.1　设计原理

　　餐馆具有量多、面广、店面更换频繁等特点。我们经常以顾客的身份去品尝餐馆里的美食，感受其为大家创造的空间氛围。但是这些却不是餐饮建筑设计的全部。要让顾客有东西吃，并且在好的环境中吃东西，就必须有为这一切提供服务的工作人员（企业管理人员、厨房工作人员、服务人员）和为工作人员开展工作提供必需的空间。作为顾客，所能看到的，均为餐饮经营者和设计师想让顾客看到的，而不便于让顾客看到的，顾客是看不到的。顾客使用部分称为前台，工作人员使用部分称为后台。前台直接面向顾客，是供顾客直接使用的空间，包括门厅、餐厅、雅座、洗手间、小卖等；后台由厨房、办公管理用房和辅助用房组成（图 5-2）。

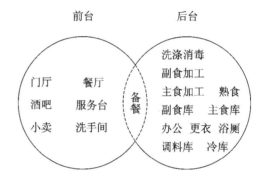

图 5-2　餐馆前台、后台主要功能用房

　　顾客看不到的不代表不存在，更不代表不重要。作为建筑设计师，既要设计顾客能看到的前台部分，也要设计顾客看不到的后台部分。身份不同，对待同一事物的看法、角度也截然不同。在进入餐饮建筑设计课题之前，大家需要调整好自身角色的转换，为课题的顺利进行做准备。一方面，站在顾客的角度思考和确定"怎样的就餐环境"是合适的；另一方面，站在设计师的角度思考，如何设计才能保证餐饮企业顺利营业。

## 1. 构思与创意

　　构思和创意并不是指空想和不切实际的遐想。对于整个设计过程而言，要先有构思和创意，然后才能形成设计方案。设计方案是构思和创意的具体体现。一个没有构思和创意的设计方案是缺乏灵魂的，感动不了自己，也影响不了别人。在餐饮建筑设计中，如何进行构思和创意，是设计之初必须要解决的问题。

　　1）避免空想

　　建筑不是纯粹的艺术品，满足使用要求是建筑形成之初就具有的本质属性。所以，餐饮建筑不是拿来看的，而是拿来用的。我们可以这样简单来理解："可用"是餐饮建筑设计的低级目标，"好用"是中级目标，"好用又好看（舒适）"是高级目标。当我们脱离地形、周边环境、用户需求等客观条件限制，专注于追求某种"风格""感觉""形式"时，从本质上来说，已经不是设计了，而是设想——脱离建筑使用之本的设想。设计的构思和创意可以是"灵光一闪"，也可以是"深思熟虑"。而所谓的"灵光一闪"，则是建立在"十年磨一剑"的坚持和无数个"深思熟虑"积累的基础上。在形成完整的构思和创意之前，应经历收集资料和调研、整理资料、总结分析资料等几个重要步骤，然后才有构思和创意。

　　2）充分调研，理性分析

　　构思和创意对于初学者来说是比较抽象的，很难抓住，也很难理解，用大家的话来说，就是"太虚了"。但是，其并不是无迹可寻。众所周知，有理有据的东西更容易理解。在设计之初进行的调研和资料收集分析，甚至是建立在这个基础上的思考，都可以说是有理有据的。从这些东西出发，寻找构思和创意的突破点，比空想更为实在。清华大学邓雪娴老师在《餐饮建筑设计》一书中指出：风格流派、"主题餐厅"、高科技手段、餐饮与娱乐结合、经营创意是餐饮建筑设计构思和创意的几种途径。时至今日，地域特色、民族风格、生态等都可以成为餐饮建筑设计构思和创意的切入点。

3）需要一双感性的眼睛

寻找构思和创意的切入点需要理性分析,但是理性分析并不是构思和创意的全部。之所以成为构思和创意,就是因为有"思"和"创"的存在。在理性分析的基础上,用感性的眼睛去看,进而形成"思"和"创",这才使得每个方案都与众不同,甚至灵气逼人。也就是说,理性分析部分大家得到的答案和结果都是差不多的,如何形成一个有特色的方案,依靠的是感性认识和各自对方案的理解及创意。

构思和创意是设计过程中的灯塔。一个前期没有构思和创意或者构思和创意一天一变的方案,不但方案本身特点不明确,甚至连设计者自己都很容易迷失在方案中,最终自己都不知道自己想做的是什么。构思和创意是设计的前提,需要结合地形条件、餐饮店的定位和特点、使用者的需求等客观条件来确定。

## 2. 外观设计

餐饮建筑属于常用公共建筑,是和生活接触得比较紧密的建筑形式之一。餐饮建筑的外观包括风格、形式、造型、色彩、材质等,是其给人的第一印象,也是人们区别该餐饮店和其他店面的标志。餐饮建筑外观设计要体现其区别于其他建筑形式的风格特点,同时还要达到清晰、醒目地反映不同餐饮企业特色的作用。除了要遵循公共建筑外观设计的原则和要求外,餐饮建筑设计还要注意如下几点。

1）内外一致

餐饮建筑的外观就像一件外衣。漂亮的外衣成千上万,但是,大家都会挑选大小合适、气质吻合、自己喜欢的穿。同理,餐饮建筑的外衣也必须大小合适、气质吻合、自己喜欢,才能使餐饮建筑的外观和餐饮建筑的内部空间氛围与餐饮企业的文化相协调,内外一致。

（1）大小合适

餐饮建筑的外观应与餐饮企业的档次一致,使顾客对服务质量有正确的期望值,避免"大人穿小衣"和"小人穿大衣"的尴尬。

（2）气质吻合

根据餐饮企业的经营内容、经营形式和特色,确定餐饮建筑外观造型的表现形式,使顾客通过建筑外观就能基本了解餐厅经营的内容、规模和特色。

（3）自己喜欢

餐饮建筑的外观是企业形象最直接的反映,外观设计必须能体现企业文化、企业特点。它既是餐饮建筑的标志,同时也是企业的标志。

2）满足目标客户的要求

目标客户是指餐饮店面向的主要客户群。不同档次、不同位置、不同风格的餐饮店,其主要客户群是不同的,而不同的社会群体因人文背景和消费能力等的差异,对就餐环境的喜好和要求也有所差异。在进行餐饮建筑外观设计时,要在重点考虑目标客户群特点的前提下,兼顾较广的受众面,突出特点。

3）和周围环境协调

餐饮建筑的外观需和周围环境和谐统一,又要有自己的特征,形成舒适协调、相得益彰的建筑风格。

4）区域特色、民族特色和时代感

餐饮建筑要体现区域特色、民族特色和时代感。

5）考虑餐饮店具体形式

按照布置形式、所处位置以及和周围建筑的关系,可将餐饮店分为夹缝式餐饮店、综合体式餐饮店和独立式餐饮店。不同形式的餐饮店在设计中对外立面处理、造型特点的要求是不同的。

（1）夹缝式餐饮店

基地位于两栋建筑之间或三面被毗邻建筑所包围,用地状况取决于左、右两侧或左、右、后三侧与其相邻建筑的占地和形状,只有一个面或两个面临街的餐饮建筑称为夹缝式餐饮店。多位于已发展成熟的街区,常常是由于建筑功能变化所进行的改造设计。近年来,随着我国经济和城市建设的发展,在新建街区中也出现了很多的夹缝式餐饮店。这类餐饮店往往只有一个外立面临街,其外观设计主要体现在沿街面的外立面设计中,需要通过对临街面的处理达到吸引顾客、突出餐饮店特点、彰显企业文化的目的。夹缝式餐饮店的临街外立面设计需要个性特征突出、因地制宜,充分考虑周围建筑的特点,巧于因借,注重门头设计。

（2）综合体式餐饮店

综合体式餐饮店是指位于城市大型综合体内部的餐饮店。随着城市的发展和大型城市综合体的大量出现,此类餐饮店也是越来越多,很多大型餐饮企业也选择进驻综合体内部,成为综合体服务的组成部分。同时,也借助综合体"一站式"消费理念达到提高营业额和提升企业品牌价值的目的。此类餐饮店没有外立面设计,即便有也是在服从主体的基础上做的标牌广告,设计重点在于室内餐饮店入口的门脸设计及店堂内的餐饮环境设计。

（3）独立式餐饮店

独立式餐饮店指单独建造的餐饮店,用地较为宽敞,不挨临近建筑,门前有停车场,甚至水池等景观小品外环境,多建于城市道路两侧、高速公路旁、公园或旅游度假点内部。此类餐饮建筑的设计需结合餐饮企业和餐饮店的营业特点,仔细推敲"功能-造型-环境"三者的相互关系,内外呼应,完成外观设计。

## 3. 内部功能分区

餐饮店由用餐区域、公共区域、厨房区域和辅助区域四个部分共同组成（表 5-1）,处理好各个功能用房各自内部的空间关系、功能用房与功能用房之间的空间关系、功能用房与环境的关系,是餐饮建筑设计的核心问题。除此之外,环保、卫生、健康、经济也是餐饮建筑设计中必须考虑的。

表 5-1　餐饮建筑四大功能区域的组成

| 区 域 | | 组 成 |
|---|---|---|
| 前台 | 用餐区域 | 宴会厅、餐厅、包间等 |
| | 公共区域 | 门厅、过厅、等候区、大堂、休息厅、公共卫生间、点菜区、歌舞台、收款处等 |
| 后台 | 厨房区域 | 主食加工、副食加工、厨房专间（包括冷荤间、生食海鲜间、裱花间等）、备餐区域、餐用具洗消间、餐用具存放间、清扫工具存放间等 |
| | 辅助区域 | 食品库房（主食库、蔬菜库、干货库、冷藏库、调料库、饮料库）、非食品库房、办公用房及工作人员更衣间、淋浴间、卫生间、清洁间、垃圾间等 |

1）用餐区域

用餐区域和公共区域是顾客使用的主要部分,也是餐饮建筑设计中最主要的部分。其设计需结合店面门头,打造与菜式相协调的空间氛围,同时考虑顾客的生理和心理需求。在餐桌椅摆放上,满足人体工程学要求和空间使用功能要求（送餐、就餐、通道、等待等功能）。总体来说,餐饮店的主要空间设计需结合室内设计,以人体工程学和空间使用功能为基础,目的是打造健康、舒适、符合餐饮店定位及菜式要求、满足顾客使用要求的就餐环境。

用餐区域是就餐者在餐饮店内部的主要使用场所,也是在整个就餐过程中,就餐者停留时间最长,对其感观影响最大的场所。主要功能用房的设计直接体现了餐饮店的档次、特色、文化,除了要和外观相呼应,还要和餐饮店的经营（菜系、菜品、经营方式等）相协调。通过对主要功能用房的室内设计,带给顾客良好的心理感受。室内设计是此部分用房设计的重点。

室内设计从整体上来看包括空间和界面设计、采光和照明、色彩和材料质地、家具与陈设、庭院与绿化五个部分,涉及人体工程学、环境心理学等相关学科内容,自成体系。

（1）设计风格

餐饮空间的设计风格很多,按照其产生的位置,大致划分为东方式和西方式。中式、日式、韩式、泰式、印式都属于东方式,而法式、英式、意式、德式等属于西方式。全球每个国家及地区都可以形成与其环境、历史、人文、生活方式、生活理念相适应的特定风格。就以我们最熟悉的亚洲为例,中国、日本、韩国、东南亚各个国家及地区有着较大的区别并形成了各自的风格。单就我国来说,中式风格也分新中式和古典中式,而古典中式再具体细化,唐代风格、明清风格又有很大的差别。纵观世界范围内,设计风格之多,让人数不胜数。餐饮店的设计风格需与餐饮店的经营项目相适应。一个经营中餐的餐馆如果设计成欧式,不但不能带给顾客良好的心理感受,还会让人有不伦不类之感。

下面简单介绍几种餐饮店的常用风格。

① 中国古典风格。中国传统的室内装饰艺术是结合我国木构架体系的特点和儒、道思想,经过几千年发展的最终产物。彩绘、雕刻、字画、家具,甚至盆景、古玩,都是中国古典风格的构成元素。中国古典风格有着色彩浓重而成熟,总体布局对称均衡,端正稳健,格调高雅,造型简朴优美,装饰细节富于变化,崇尚自然情趣等特点,充分体现出中国传统的美学精神。

② 新中式风格。新中式风格在设计上继承了唐代、明清时期的精华,将其中的经典元素提炼并加以丰富,用现代的设计和造型手法,对所提炼的元素进行整合和排布,同时改变原有空间布局中等级、尊卑的封建思想,注重品质,但免去了不必要的苛刻。

③ 现代简约风格。简约主义源于20世纪初的西方现代主义,秉承着"少即是多"的设计核心思想,将设计的元素、色彩、照明、原材料简化到最少的程度,从而达到含蓄、以少胜多、以简胜繁的效果,对色彩及材料质感的要求往往较高。现代简约风格常以规则的几何形体为元素,以黑、白、灰等中间色为基调,结合混凝土、玻璃、金属材料等不同的材质,表达形体、光影、虚实等变化。真正的简约设计不仅是设计元素的精简,也符合人们减轻压力、崇尚环保的要求,设计师要在简单的装饰中表现出更深的韵味(如文化内涵、性格特点等)。

④ 新古典主义风格。新古典主义是指相对于10世纪之前"古典主义"而言的复古风潮。新古典主义风格在室内装饰上讲究材质的变化和空间的整体性,将家具、石雕等融入室内陈设和装饰之中,在色彩上偏深色调,以沉稳大气为主。金、银色系是主要的配色,可以增加空间的高贵感,起画龙点睛的作用。常使用拉毛粉饰、大理石等,强调宁静、均衡、匀称的效果。

⑤ 欧式风格。欧式风格的室内空间有的不只是豪华大气,更多的是惬意的浪漫。完美的曲线、精益求精的细节处理,可以带来舒服的触感,达到和谐的目的。常用的哥特式风格、巴洛克式风格和洛可可式风格都属于欧式风格。

a. 哥特式风格将技术和艺术结合,其尖券、交叉拱、飞扶壁、束柱、花窗棂、彩色镶嵌玻璃窗和高耸的塔尖等构成鲜明特征,故又称为"高直风格"。

b. 巴洛克风格于17世纪盛行于欧洲,其强调线形流动的变化,色彩华丽。特点是运用曲面、波折、流动、穿插等灵活多变的夸张手法来创造特殊的艺术效果,以呈现神秘的宗教气氛和浮动幻觉的美感。

c. 洛可可风格追求纤细、繁复,喜好类似蚌壳、旋涡、水草等曲线形的花纹图案,并涂以金、白、粉红、粉绿等颜色,讲究娇艳的色调和闪耀的光泽,还配以镜面、帐幔、水晶吊灯和豪华的家具陈设,是欧洲的皇室贵族比较偏爱的风格。

⑥ 和式风格。和式风格讲究"人与自然"的统一,采用木质结构,不尚装饰,空间造型极为简洁,在设计上使用清晰的线条,在空间划分中摒弃曲线,具有较强的几何感。

⑦ 东南亚风格。东南亚风格充满热带异域的气息,广泛运用木材和其他天然原材料,如藤条、竹子、石材、青铜和黄铜、深木色家具,局部采用一些金色壁纸、丝绸质感的布料,在灯光的变化中体现出稳重和豪华的特质。

(2) 空间及界面

空间及界面处理是主要功能用房的设计重点。客用就餐空间打造的首要目的就是满足顾客就餐时的要求,为顾客提供舒适、优雅的就餐环境。顾客就餐时需要有满足人体尺度的座椅及过道,就餐及交流需要的相对独立的空间,公共活动空间,以及独立空间和公共空间由于空间性质及使用要求的不同而需要的不同空间氛围。

满足人体尺度的座椅及过道,是餐馆使用的基本条件。《室内设计资料集》对餐饮建筑设计相关的主要尺寸做了详细的图解(图5-3至图5-17)。

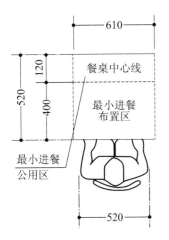

图 5-3　最小进餐布置

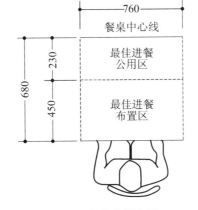

图 5-4　最佳进餐布置

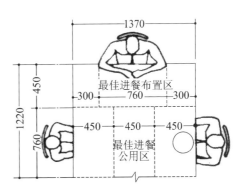

图 5-5　最佳餐桌宽度

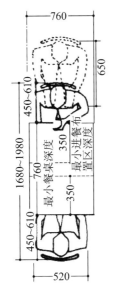

图 5-6　最小餐桌宽度

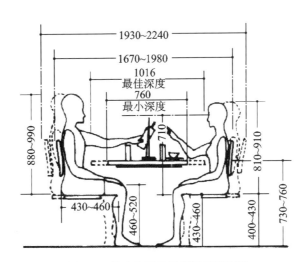

图 5-7　最小与最佳深度及垂直间距

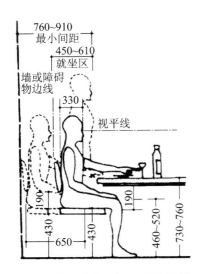

图 5-8　最小就座区间距（不能通行）

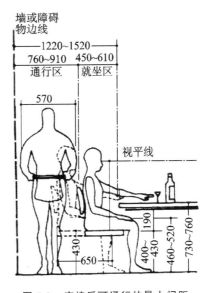

图 5-9　座椅后可通行的最小间距

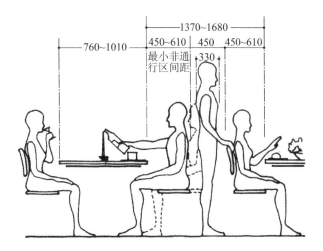

图 5-10　最小用餐单元宽度

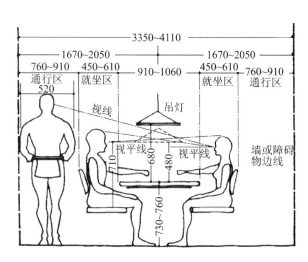

图 5-11　餐桌最小间距与非通行区

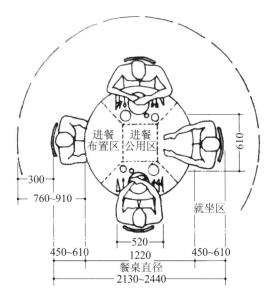

图 5-12　直径 1220 mm 四人用圆桌

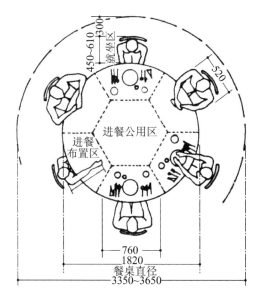

图 5-13　直径为 1830 mm 的六人用圆桌

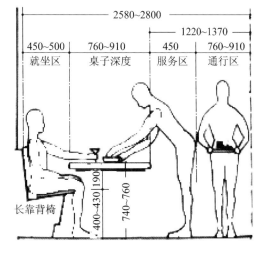

图 5-14　长靠背椅与服务和通行所需间距

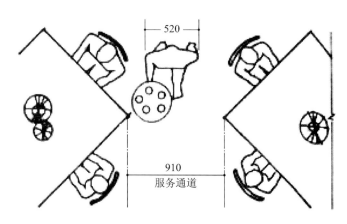

图 5-15　服务通道与桌角之间的距离

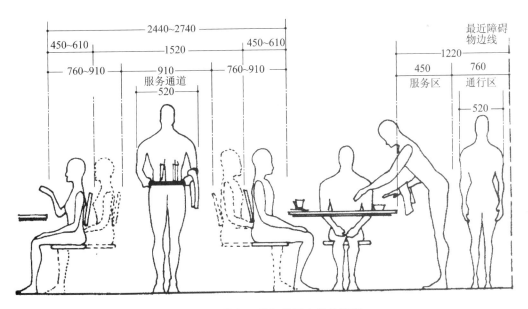

图 5-16　服务通道与椅子之间的距离

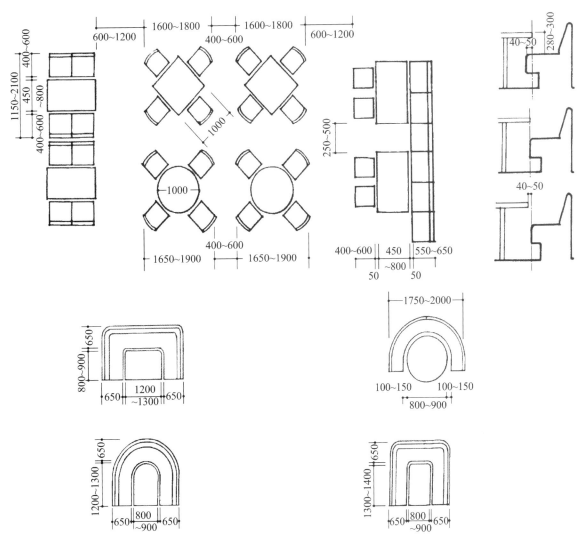

图 5-17　餐馆常用座位布置形式与尺寸

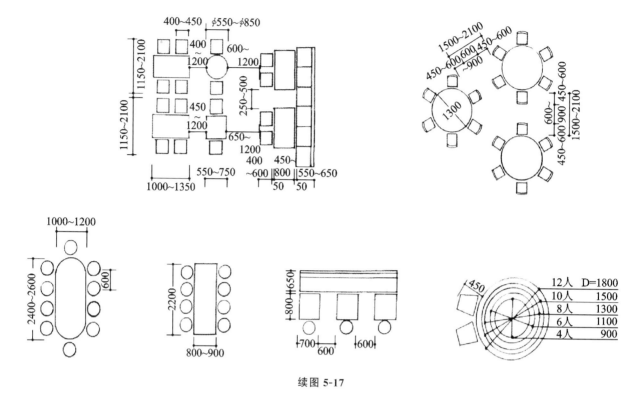

续图 5-17

（3）用餐区域高度

用餐区域净高不宜低于 2.6 m,设集中空调时,室内净高不应低于 2.4 m。设置夹层的用餐区域,室内净高最底处不应低于 2.4 m。

（4）采光和通风

天然采光时,侧面采光窗洞口面积不宜小于该厅地面面积的 1/6。直接自然通风时,通风开口面积不应小于该厅地面面积的 1/16,无自然通风的餐厅应设机械通风排气设施。

（5）室外活动场地

楼层餐厅宜设置供室外活动的露台和阳台,但不应遮挡底层餐厅的采光。

2）公区区域

顾客进入餐饮店就餐,需经过如下流程:城市道路—餐饮店室外道路—餐饮店门厅—餐饮店大堂—堂座—包间。

（1）餐饮店室外道路

餐饮店室外道路,是整个序列的前端,也是餐饮店氛围的铺垫,设计中要考虑建筑外形与环境的呼应,根据餐饮店的特点打造合适的外部景观。餐饮店门厅、餐饮店大堂、堂座、包间是餐饮店使用的主要部分,也是体现餐饮店氛围的主要场所。

（2）门厅和大堂

门厅和大堂,是餐饮店给顾客的第一印象。从功能上看,门厅和大堂起着交通枢纽的作用,人流在此处疏散和聚集。客观功能要求决定了在门厅和大堂部分需要有足够的公共活动空间,供人流疏散和聚集之用。从精神上看,门厅和大堂是餐饮店的"脸面",其风格决定了整个餐饮店的风格,大气、舒适、与餐品特点相适应、直观反映餐饮店特色是其基本要求。

（3）堂座和包间

堂座和包间,是就餐区域。与门厅、大堂相比,堂座和包间需要有更好的私密性,其设计与门厅和大堂自然不同。

堂座往往与门厅和大堂由通道连在一起，从形式上看，似乎属于大堂的一部分，但是其功能与大堂却截然不同。在设计上，堂座通常都是从大堂部分运用围合、半围合的构件分隔出来的一个个就餐单元。分隔形式受到餐饮店特点、大堂氛围、使用要求等影响。应结合餐饮店的营业特点和大堂特点，对堂座和包间进行合理布置。

从总体上来说，堂座和包间的布置方式主要有集中式空间组合、组团式空间组合、线式空间组合几种组合方式（图 5-18 至图 5-20）。

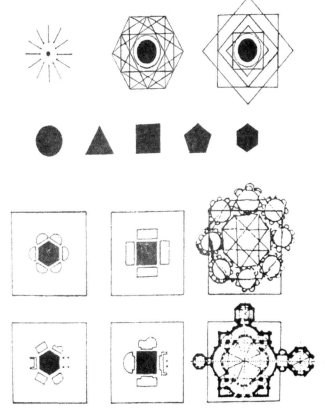

集中式组合，是一种稳定的向心式的构图。它由一定数量的次要空间围绕一个大的占主导地位的中心空间构成。

组合中心的统一空间，一般是规则的形式，在尺寸上要大到足以将次要空间集结在其周围。

组合的次要空间，功能和尺寸可以完全相同，形成规则的，两轴或多轴对称的总体造型。

次要空间的形式和尺寸，也可相互不同，以适应各自的功能、相对重要性或周围环境等方面的要求。次要空间中的差异，使集中式组合可根据场地的不同条件调整它的形式。

图 5-18　集中式空间组合

在用餐区域和公共区域设计中，照明、材质、色彩、家具、植物等也起着重要作用，此处就不再一一列举，有兴趣的同学可以参考室内设计相关书籍。

3）辅助区域

辅助区域主要由食品库房、非食品库房、管理办公用房、工作人员更衣间、淋浴间、卫生间、值班室、垃圾清扫工具存放场所等组成。虽为辅助功能用房，却是餐饮建筑中必要的组成部分。下面主要介绍食品库房、管理办公用房和卫生间的设置。

（1）食品库房

食品库房宜根据食材和食品分类设置；天然采光时，窗洞面积不宜小于地面面积的 1/10；自然通风时，通风开口面积不应小于地面面积的 1/20；根据实际需要设置冷藏及冷冻设施时，应符合现行国家标准《冷库设计规范》（GB 5007—2010）的相关规定。

（2）管理办公用房

管理办公用房根据实际需要设置。

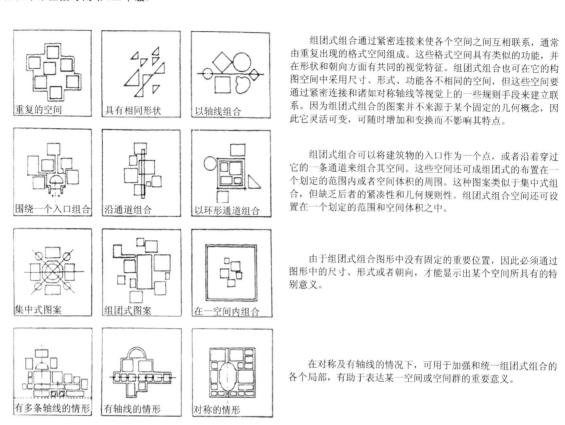

组团式组合通过紧密连接来使各个空间之间互相联系，通常由重复出现的格式空间组成。这些格式空间具有类似的功能，并在形状和朝向方面有共同的视觉特征。组团式组合也可在它的构图空间中采用尺寸、形式、功能各不相同的空间，但这些空间要通过紧密连接和诸如对称轴线等视觉上的一些规则手段来建立联系。因为组团式组合的图案并不来源于某个固定的几何概念，因此它灵活可变，可随时增加和变换而不影响其特点。

组团式组合可以将建筑物的入口作为一个点，或者沿着穿过它的一条通道来组合其空间。这些空间还可成组团式的布置在一个划定的范围内或者空间体积的周围。这种图案类似于集中式组合，但缺乏后者的紧凑性和几何规则性。组团式组合空间还可设置在一个划定的范围和空间体积之中。

由于组团式组合图形中没有固定的重要位置，因此必须通过图形中的尺寸、形式或者朝向，才能显示出某个空间所具有的特别意义。

在对称及有轴线的情况下，可用于加强和统一组团式组合的各个局部，有助于表达某一空间或空间群的重要意义。

**图 5-19　组团式空间组合**

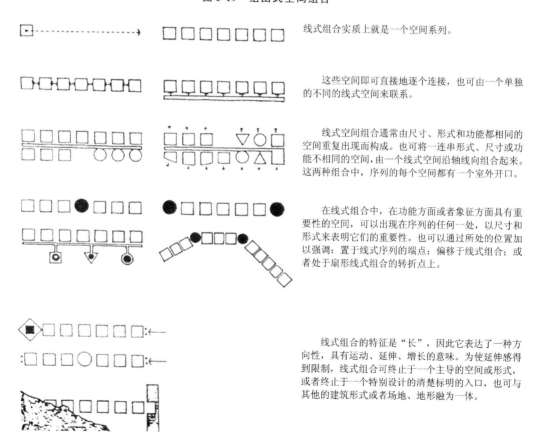

线式组合实质上就是一个空间系列。

这些空间即可直接地逐个连接，也可由一个单独的不同的线式空间来联系。

线式空间组合通常由尺寸、形式和功能都相同的空间重复出现而构成。也可将一连串形式、尺寸或功能不相同的空间，由一个线式空间沿轴线向组合起来。这两种组合中，序列的每个空间都有一个室外开口。

在线式组合中，在功能方面或者象征方面具有重要性的空间，可以出现在序列的任何一处，以尺寸和形式来表明它们的重要性。也可以通过所处的位置加以强调：置于线式序列的端点；偏移于线式组合；或者处于扇形线式组合的转折点上。

线式组合的特征是"长"，因此它表达了一种方向性，具有运动、延伸、增长的意味。为使延伸感得到限制，线式组合可终止于一个主导的空间或形式，或者终止于一个特别设计的清楚标明的入口，也可与其他的建筑形式或者场地、地形融为一体。

**图 5-20　线式空间组合**

注：图 5-18 至图 5-20 选自邓雪娴、周燕珉、夏晓国主编的《餐饮建筑设计》，中国建筑工业出版社出版。

（3）卫生间

工作人员卫生间设计需考虑餐饮建筑特点,应按全部工作人员最大班人数分别设置男、女卫生间,卫生间应设在厨房区域以外并采用水冲式洁具。卫生间前室门不应朝向用餐区域、厨房区域和食品库房。卫生设施数量应按照现行行业标准《城市公共厕所设计标准》(CJJ 14—2016)的规定设置。

公共卫生间设计需考虑餐饮建筑特点参照《城市公共厕所设计标准》(CJJ 14—2016)规定执行。

① 卫生间宜设置前室,并注意防止视线干扰。

② 每个大便器应有一个独立的厕位间。

③ 厕位间平面净尺寸宜符合表 5-2 的规定。

表 5-2　厕位间平面净尺寸(单位:mm)

| 洁具数量 | 宽度 | 进深 | 备用尺寸 |
|---|---|---|---|
| 3 件洁具 | 1200、1500、1800、2100 | 1500、1800、2100、2400、2700 | $100n$<br>($n \geqslant 9$) |
| 2 件洁具 | 1200、1500、1800 | 1500、1800、2100、2400 | |
| 1 件洁具 | 900、1200 | 1200、1500、1800 | |

④ 厕内单排厕位外开门走道宽度宜为 1.3 m,不应小于 1.0 m;双排厕位外开门走道宽度宜为 1.5~2.1 m。

⑤ 卫生间基本格局如图 5-21 所示。

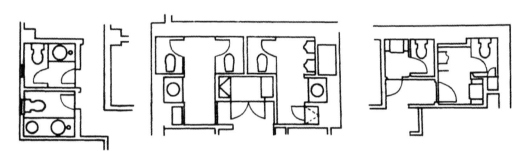

图 5-21　卫生间基本格局

⑥ 餐饮场所公共厕所厕位数及洗手盆数量分别参照表 5-3、表 5-4。

表 5-3　饭馆、咖啡店等餐饮场所公共厕所厕位数

| 设施 | 男 | 女 |
|---|---|---|
| 厕位 | 50 座位以下至少设 1 个;100 座位以下设 2 个;超过 100 座位,每增加 100 座位增设 1 个 | 50 座位以下设 2 个;100 座位以下设 3 个;超过 100 座位,每增加 65 座位增设 1 个 |

注:按男女入厕人数相当考虑。

表 5-4　洗手盆数量设置要求

| 厕位数(个) | 洗手盆数(个) | 备 注 |
|---|---|---|
| 4 以下 | 1 | ① 男女厕所宜分别计算,分别设置;<br>② 当女厕所洗手盆数 $n \geqslant 5$ 时,实际设置数 $N$ 应按式 $N = 0.8n$ 计算 |
| 5~8 | 2 | |
| 9~21 | 每增 4 个厕位增设 1 个 | |
| 22 以上 | 每增 5 个厕位增设 1 个 | |

注:洗手盆应按厕位数设置,当洗手盆为 1 个时可不设儿童洗手盆。

⑦ 公共厕所坐便器、蹲便器、小便器、烘手器和洗手盆需要的人体使用空间最小尺寸应满足图 5-22 要求。

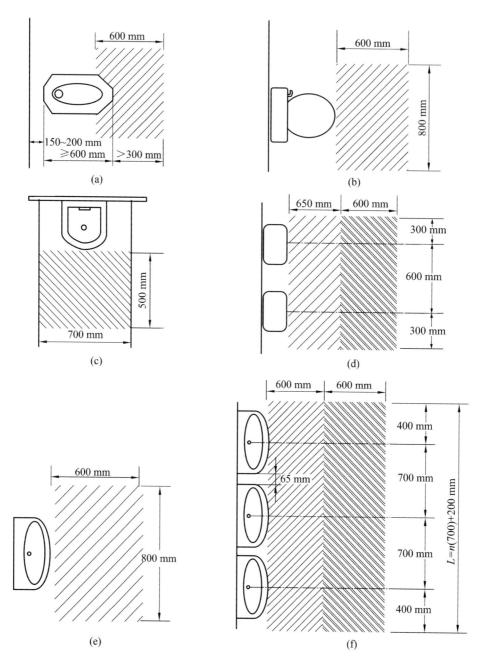

**图 5-22 公共厕所人体使用空间最小尺寸图示**

(a)蹲便器人体使用空间;(b)坐便器人体使用空间;(c)小便器人体使用空间;

(d)烘手器人体使用空间;(e)洗手盆人体使用空间;(f)组合式洗手盆人体相邻洁具空间

⑧ 在洁具可能出现的每种组合形式中,一个洁具占用另一相邻洁具使用空间重叠最大部分可以增加到 100 mm。平面组合可根据这一规定的数据设置。

⑨ 应至少设置一个清洁池。

⑩ 无障碍卫生间设计要求详见《无障碍设计规范》(GB 50763—2012)。

4)厨房区域

餐饮店中的厨房和住宅中的厨房是不一样的。制作量大、需要保证制作速度的客观要求,决定了餐饮店厨房中的使用人数较多,且应该按照制作工序的先后和要求布置厨房。此部分因餐饮制作工序繁多,又有主食、辅食,熟食、生食之分,还包含了送餐、洗涤、送货、原材料保存、餐具回收等各种相互关联但又相对独立的功能需求,其功能流线是整个餐饮建筑设计中最为复杂的部分。该部分设计的好坏,对整个餐厅正常运作起着重要作用,也是餐饮建筑设计中,首先要解决的核心问题。该部分空间设计要求以菜品制作工序为依据,生熟分开、冷热分开、洁污分离。

（1）餐饮店组成

餐饮店由用餐区域、公共区域、厨房区域和辅助区域组成,这四个区域又可以按照使用者的不同性质,整合为两个大的部分,即供顾客使用的前台部分和供员工使用的后台部分,具体如图 5-23 所示。

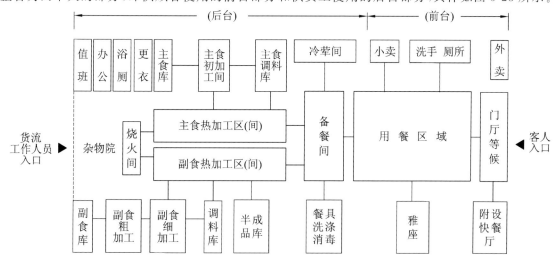

**图 5-23　餐馆组成**

注:图 5-22 参考邓雪娴、周燕珉、夏晓国主编的《餐饮建筑设计》一书绘制,该书由中国建筑工业出版社出版。

（2）厨房流程

厨房的组成和流程如图 5-24 所示,具体要求如下。

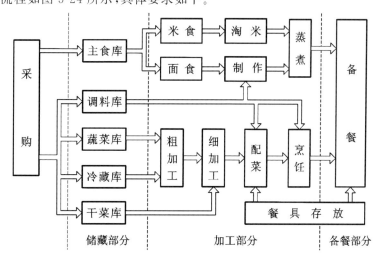

**图 5-24　厨房组成及流程**

注:图 5-24 选自邓雪娴、周燕珉、夏晓国主编的《餐饮建筑设计》,中国建筑工业出版社出版。

① 按原料进入、原料处理、主食加工、副食加工、备餐、成品供应、餐用具洗涤消毒及存放的工艺流程合理布局,食品加工处理流程应为生进熟出单一流向。

② 副食粗加工应分设蔬菜、肉禽、水产工作台和清洗池,粗加工后的原料送入细加工区,不应反流。

③ 冷荤成品、生食海鲜、裱花蛋糕等应在厨房专间内拼配,在厨房专间入口处应设有洗手、消毒、更衣设施的通过式预进间。

④ 厨房专间、冷食制作间、餐用具洗消间应单独设置。

⑤ 垂直运输的食梯应原料、成品分设。

⑥ 厨房区域各类加工制作场所的室内净高不宜低于 2.5 m。

⑦ 厨房加工间天然采光时,其侧面采光窗洞口面积不宜小于地面面积的 1/6;自然通风时,通风开口面积不应小于地面面积的 1/10。

### 4. 防火与疏散

① 餐饮建筑的防火设计应执行国家建筑设计防火规范。

② 餐饮店设在一、二级耐火等级的建筑中时,不应设在四层及四层以上;餐饮店设在三级耐火等级的建筑中时,不应设在三层及三层以上;餐饮店设在四级耐火等级的建筑中时,不应超过一层。平屋顶可作为安全避难和室外休闲场地,但应有防护设施。

③ 主体建筑走廊净宽度不应小于表 5-5 的规定。

表 5-5  走廊最小净宽

| 房间名称 | 双面布房/m | 单面布房或外廊/m |
| --- | --- | --- |
| 营业用房 | 1.8 | 1.5 |
| 辅助用房 | 1.5 | 1.3 |

④ 楼梯、扶手、栏杆和踏步应符合下列规定。

a. 楼梯的数量、位置和楼梯间形式应满足使用方便和安全疏散的要求。

b. 梯段净宽除应符合防火规范的规定外,供日常主要交通用的楼梯的梯段净宽应根据建筑物的使用特征,一般按每股人流宽度为 0.55±(0~0.15) m 的人流股数确定,并不应少于两股人流。

c. 梯段改变方向时,平台扶手处的最小宽度不应小于梯段净宽。当有搬运大型物件需要时,应再适量加宽。

d. 每个梯段的踏步一般不应超过 18 级,亦不应少于 3 级。

e. 楼梯平台上部及下部过道处净高不应小于 2 m,梯段净高不应小于 2.2 m。

f. 踏步前缘部分宜设置防滑措施。

g. 室内外台阶踏步宽度不宜小于 0.3 m,踏步高度不宜大于 0.15 m,踏步数不应小于 2 级。

h. 当采用坡道时,室内坡道的坡度不宜大于 1:8,室外坡道的坡度不宜大于 1:10,供轮椅使用的坡道的坡度不应大于 1:12。坡道应采用防滑地面。供轮椅使用的坡道两侧应设高度为 0.65 m 的扶手。

# 5.2  设计规范:《饮食建筑设计标准》(JGJ 64—2017)

## 1  总  则

1.0.1  为在饮食建筑设计中贯彻执行国家的技术经济政策,做到适用、安全、卫生、经济、节能和环保,制定本标准。

1.0.2  本标准适用于新建、扩建和改建的有就餐空间的饮食建筑设计,包括单建和附建在旅馆、商业、办公等公共建筑中的饮食建筑。不适用于中央厨房、集体用餐配送单位、医院和疗养院的营养厨房设计。

1.0.3  按经营方式、饮食制作方式及服务特点划分,饮食建筑可分为餐馆、快餐店、饮品店、食堂等四类。

1.0.4  饮食建筑按建筑规模可分为特大型、大型、中型和小型,并应符合表 1.0.4-1 及表 1.0.4-2 的规定。

表 1.0.4-1　餐馆、快餐店、饮品店的建筑规模

| 建筑规模 | 建筑面积(m²)或用餐区域座位数(座) |
|---|---|
| 特大型 | 面积＞3000 或 座位数＞1000 |
| 大型 | 500＜面积≤3000 或 250＜座位数≤1000 |
| 中型 | 150＜面积≤500 或 75＜座位数≤250 |
| 小型 | 面积≤150 或 座位数≤75 |

注:表中建筑面积指与食品制作供应直接或间接相关区域的建筑面积,包括用餐区域、厨房区域和辅助区域。

表 1.0.4-2　食堂的建筑规模

| 建筑规模 | 小型 | 中型 | 大型 | 特大型 |
|---|---|---|---|---|
| 食堂服务的人数(人) | 人数≤100 | 100＜人数≤1000 | 1000＜人数≤5000 | 人数＞5000 |

注:食堂按服务的人数划分规模。食堂服务的人数指就餐时段内食堂供餐的全部就餐者人数。

1.0.5　饮食建筑设计应根据不同类型和规模的需求,为消费者提供卫生、安全和舒适的就餐环境,为工作人员提供安全、高效、便捷的工作条件。

1.0.6　饮食建筑设计应因地制宜,与当地的经济和技术发展水平相结合,符合安全卫生、环境保护、节地、节能、节水、节材等的有关规定。

1.0.7　饮食建筑设计除应符合本标准外,尚应符合国家现行有关标准的规定。

# 2　术　　语

2.0.1　餐馆 restaurant

接待消费者就餐或宴请宾客的营业性场所。为消费者提供各式餐点和酒水、饮料,不包括快餐店、饮品店、食堂。

2.0.2　快餐店 fast food restaurant(refreshment store)

能在短时间内为消费者提供方便快捷的餐点、饮料等的营业性场所,食品加工供应形式以集中加工配送,在分店简单加工和配餐供应为主。

2.0.3　饮品店 cafeteria

为消费者提供舒适、放松的休闲环境,并供应咖啡、酒水等冷热饮料及果蔬、甜品和简餐为主的营业性场所,包括酒吧、咖啡厅、茶馆等。

2.0.4　食堂 mess hall(canteen)

设于机关、学校和企事业单位内部,供应员工、学生就餐的场所,一般具有饮食品种多样、消费人群固定、供餐时间集中等特点。

2.0.5　自助餐厅 buffet restaurant

顾客以自选、自取的方式到取餐台选取食品,根据所取食品的样数付账或支付固定金额后任意选取食品,是餐馆、快餐店、食堂餐厅的一种特殊形式。

2.0.6　用餐区域 dining area

饮食建筑内供消费者就餐的场所,包括各类餐厅、包间等。

2.0.7　主食制作区(间) staple food processing section area(room)

将米、面、豆类及杂粮等食材制作成待熟制半成品的加工场所,也称主食初加工区(间)。

2.0.8　主食热加工区(间) staple food hot processing section area(room)

对主食半成品进行蒸、煮、烤、烙、煎、炸等熟制加工的操作场所。

2.0.9 副食粗加工区（间）subsidiary food raw processing area（room）

对蔬菜、肉类、水产等副食品原料进行挑拣、整理、解冻、清洗、剔除不可食用部分等的加工处理场所。

2.0.10 副食细加工区（间）subsidiary food fine processing area（room）

把经过粗加工的副食品进行洗、切、称量、拼配等加工处理成为半成品的操作场所，也称切配区（间）。

2.0.11 副食热加工区（间）cooking section for subsidiary food area（room）

对经过细加工、切配的原料或半成品进行煎、炒、炸、焖、煮、烤、烘、蒸及其他熟制加工处理的操作场所，也称烹饪区（间）、烹调热加工区（间）。

2.0.12 风味餐馆的特殊加工间 special processing room for flavored restaurant

包括烤鸭、鹅等烤炉间或其他加工间等，可根据需要设置，其热加工间应按本标准要求设置。

2.0.13 厨房专间 kitchen special room

处理或短时间存放直接入口食品的专用操作间，包括冷荤间、裱花间、生食海鲜间等。

2.0.14 冷荤间 cold dish room

对经过烹制成熟或腌渍入味后的食品进行简单制作并拼配装盘、短时间存放的场所，制成的菜肴无需加热即可食用，又称凉菜间、冷菜间、熟食间、卤味间等。

2.0.15 生食海鲜间 raw seafood room

对不经过加热处理即供食用的生长于海洋的鱼类、贝壳类、头足类等水产品的加工、拼配、短时间存放的场所。

2.0.16 裱花间 decorating room

对以糖、粮、油、蛋为主要原料经焙烤加工而成的糕点胚，在其表面裱以奶油、人造奶油等制成糕点食品的加工、拼配、短时间存放的场所。

2.0.17 备餐区（间）pantry section area（room）

主、副食成品的整理、分装、分发及暂时置放直接入口食品的专用场所。

2.0.18 餐用具洗消间 decontamination room

对餐饮用具和接触直接入口食品的工具、容器进行清洗、消毒的操作场所。

2.0.19 餐用具存放区（间）tableware storage area（room）

存放经清洗、消毒后的餐饮用具和接触直接入口食品的工具、容器的场所。

2.0.20 库房 store room

包括食品库房和非食品库房。食品库房包括主食库、副食库等；非食品库房包括杂品库等。

2.0.21 食梯 food conveying elevator

专门用于垂直运输原料、主副食成品的厢式电梯，又称传菜电梯、餐梯。

## 3 基地和总平面

3.0.1 饮食建筑的设计必须符合当地城市规划以及食品安全、环境保护和消防等管理部门的要求。

3.0.2 饮食建筑的选址应严格执行当地环境保护和食品药品安全管理部门对粉尘、有害气体、有害液体、放射性物质和其他扩散性污染源距离要求的相关规定。与其他有碍公共卫生的开敞式污染源的距离不应小于 25 m。

3.0.3 饮食建筑基地的人流出入口和货流出入口应分开设置。顾客出入口和内部后勤人员出入口宜分开设置。

3.0.4 饮食建筑应采取有效措施防止油烟、气味、噪声及废弃物对邻近建筑物或环境造成污染，并应符合现行行业标准《饮食业环境保护技术规范》HJ 554 的相关规定。

## 4 建 筑 设 计

### 4.1 一 般 规 定

4.1.1 饮食建筑的功能空间可划分为用餐区域、厨房区域、公共区域和辅助区域等四个区域。区域的划分及各类用房的组成宜符合表 4.1.1 的规定。

表 4.1.1 饮食建筑的区域划分及各类用房组成

| 区域分类 | | 各类用房举例 |
|---|---|---|
| 用餐区域 | | 宴会厅、各类餐厅、包间等 |
| 厨房区域 | 餐馆、食堂、快餐店 | 主食加工区(间)[包括主食制作、主食热加工区(间)等]、副食加工区(间)[包括副食粗加工、副食细加工、副食热加工区(间)等]、厨房专间(包括冷荤间、生食海鲜间、裱花间等)、备餐区(间)、餐用具消洗间、餐用具存放区(间)、清扫工具存放区(间)等 |
| | 饮品店 | 加工区(间)[包括原料调配、热加工、冷食制作、其他制作及冷食区(间)等]、冷(热)饮料加工区(间)[包括原料研磨配制、饮料煮制、冷却和存放区(间)等]、点心和简餐制作区(间)、食品存放区(间)、裱花间、餐用具洗消间、餐用具存放区(间)、清扫工具存放区(间)等 |
| 公共区域 | | 门厅、过厅、等候区、大堂、休息厅(间)、公共卫生间、点菜区、歌舞台、收款处(前台)、饭票(卡)出售(充值)处及外卖窗口等 |
| 辅助区域 | | 食品库房(包括主食库、蔬菜库、干货库、冷藏库、调料库、饮料库)、非食品库房、办公用房及工作人员更衣间、淋浴间、卫生间、清洁间、垃圾间等 |

注:1 厨房专间、冷食制作间、餐用具洗消间应单独设置。

2 备类用房可根据需要增添、删减或合并在同一空间。

4.1.2 用餐区域每座最小使用面积宜符合表 4.1.2 的规定。

表 4.1.2 用餐区域每座最小使用面积(m²/座)

| 分类 | 餐馆 | 快餐店 | 饮品店 | 食堂 |
|---|---|---|---|---|
| 指标 | 1.3 | 1.0 | 1.5 | 1.0 |

注:快餐店每座最小使用面积可以根据实际需要适当减少。

4.1.3 附建在商业建筑中的饮食建筑,其防火分区划分和安全疏散人数计算应按现行国家标准《建筑设计防火规范》GB 50016 中商业建筑的相关规定执行。

4.1.4 厨房区域和食品库房面积之和与用餐区域面积之比宜符合表 4.1.4 的规定。

表 4.1.4 厨房区域和食品库房面积之和与用餐区域面积之比

| 分类 | 建筑规模 | 厨房区域和食品库房面积之和与用餐区域面积之比 |
|---|---|---|
| 餐馆 | 小型 | ≥1:2.0 |
| | 中型 | ≥1:2.2 |
| | 大型 | ≥1:2.5 |
| | 特大型 | ≥1:3.0 |
| 快餐店、饮品店 | 小型 | ≥1:2.5 |
| | 中型及中型以上 | ≥1:3.0 |
| 食堂 | 小型 | 厨房区域和食品库房面积之和不小于 30 m² |
| | 中型 | 厨房区域和食品库房面积之和在 30 m² 的基础上按照服务 100 人以上每增加 1 人增加 0.3 m² |
| | 大型及特大型 | 厨房区域和食品库房面积之和在 300 m² 的基础上按照服务 1000 人以上每增加 1 人增加 0.2 m² |

注:1 表中所示面积为使用面积。

2 使用半成品加工的饮食建筑以及单纯经营火锅、烧烤等的餐馆,厨房区域和食品库房面积之和与用餐区域面积之比可根据实际需要确定。

4.1.5 位于二层及二层以上的餐馆、饮品店和位于三层及三层以上的快餐店宜设置乘客电梯;位于二层及二层以上的大型和特大型食堂宜设置自动扶梯。

4.1.6 建筑物的厕所、卫生间、盥洗室、浴室等有水房间不应布置在厨房区域的直接上层,并应避免布置在用餐区域的直接上层。确有困难布置在用餐区域直接上层时应采取同层排水和严格的防水措施。

4.1.7 用餐区域、厨房区域、食品库房等用房应采取防鼠、防蝇和防其他有害动物及防尘、防潮、防异味、通风等有效措施。

4.1.8 用餐区域、公共区域和厨房区域的楼地面应采用防滑设计,并应满足现行行业标准《建筑地面工程防滑技术规程》JGJ/T 331中的相关要求。

4.1.9 位于建筑物内的成品隔油装置,应设于专门的隔油设备间内,且设备间应符合下列要求:

1 应满足隔油装置的日常操作以及维护和检修的要求;

2 应设洗手盆、冲洗水嘴和地面排水设施;

3 应有通风排气装置。

4.1.10 使用燃气的厨房设计应符合现行国家标准《城镇燃气设计规范》GB 50028的相关规定。

4.1.11 餐饮建筑应进行无障碍设计,并应符合现行国家标准《无障碍设计规范》GB 50763的规定。

## 4.2 用餐区域和公共区域

4.2.1 用餐区域的室内净高应符合下列规定:

1 用餐区域不宜低于2.6 m,设集中空调时,室内净高不应低于2.4 m;

2 设置夹层的用餐区域,室内净高最低处不应低于2.4 m。

4.2.2 用餐区域采光、通风应良好。天然采光时,侧面采光窗洞口面积不宜小于该厅地面面积的1/6。直接自然通风时,通风开口面积不应小于该厅地面面积的1/16。无自然通风的餐厅应设机械通风排气设施。

4.2.3 用餐区域的室内各部分面层均应采用不易积垢、易清洁的材料。

4.2.4 食堂用餐区域售饭口(台)应采用光滑、不渗水和易清洁的材料。

4.2.5 公共区域的卫生间设计应符合下列规定:

1 公共卫生间宜设置前室,卫生间的门不宜直接开向用餐区域,卫生洁具应采用水冲式;

2 卫生间宜利用天然采光和自然通风,并应设置机械排风设施;

3 未单独设置卫生间的用餐区域应设置洗手设施,并宜设儿童用洗手设施;

4 卫生设施数量的确定应符合现行行业标准《城市公共厕所设计标准》CJJ 14对餐饮类功能区域公共卫生间设施数量的规定及现行国家标准《无障碍设计规范》GB 50763的相关规定;

5 有条件的卫生间宜提供为婴儿更换尿布的设施。

## 4.3 厨 房 区 域

4.3.1 餐馆、快餐店和食堂的厨房区域可根据使用功能选择设置下列各部分:

1 主食加工(间)——包括主食制作和主食热加工区(间);

2 副食加工区(间)——包括副食粗加工、副食细加工、副食热加工区(间)及风味餐馆的特殊加工间;

3 厨房专间——包括冷荤间、生食海鲜间、裱花间等,厨房专间应单独设置隔间;

4 备餐区(间)——包括主食备餐、副食备餐区(间)、食品留样区(间);

5 餐用具洗涤消毒间与餐用具存放区(间),餐用具洗涤消毒间应单独设置。

4.3.2 饮品店的厨房区域可根据经营性质选择设置下列各部分:

1 加工区(间)——包括原料调配、热加工、冷食制作、其他制作区(间)及冷藏场所等,冷食制作应单独设置隔间;

2 冷、热饮料加工区(间)——包括原料研磨配制、饮料煮制、冷却和存放区(间)等;

3 点心、简餐等制作的房间内容可参照本标准第4.3.1条规定的有关部分;

4 餐用具洗涤消毒间应单独设置。

4.3.3 厨房区域应按原料进入、原料处理、主食加工、副食加工、备餐、成品供应、餐用具洗涤消毒及存放的工艺流程合理布局,食品加工处理流程应为生进熟出单一流向,并应符合下列规定:

1 副食粗加工应分设蔬菜、肉禽、水产工作台和清洗池,粗加工后的原料送入细加工区不应反流;

2 冷荤成品、生食海鲜、裱花蛋糕等应在厨房专间内拼配,在厨房专间入口处应设置有洗手、消毒、更衣设施的通过式预进间;

3 垂直运输的食梯应原料、成品分设。

4.3.4 使用半成品加工的饮食建筑以及单纯经营火锅、烧烤等的餐馆,可在本标准第 4.3.3 条的基础上根据实际情况简化厨房的工艺流程。使用外部供应预包装的成品冷荤、生食海鲜、裱花蛋糕等可不设置厨房专间。

4.3.5 厨房区域各类加工制作场所的室内净高不宜低于 2.5 m。

4.3.6 厨房区域各类加工间的工作台边或设备边之间的净距应符合食品安全操作规范和防火疏散宽度的要求。

4.3.7 厨房区域加工间天然采光时,其侧面采光窗洞口面积不宜小于地面面积的 1/6;自然通风时,通风开口面积不应小于地面面积的 1/10。

4.3.8 厨房区域各加工场所的室内构造应符合下列规定:

1 楼地面应采用无毒、无异味、不易积垢、不渗水、易清洗、耐磨损的材料;

2 楼地面应处理好防水、排水,排水沟内阴角宜采用圆弧形;

3 楼地面不宜设置台阶;

4 墙面、隔断及工作台、水池等设施均应采用无毒、无异味、不透水、易清洁的材料,各阴角宜做成曲率半径为 3 cm 以上的弧形;

5 厨房专间、备餐区等清洁操作区内不得设置排水明沟,地漏应能防止浊气逸出;

6 顶棚应选用无毒、无异味、不吸水、表面光洁、耐腐蚀、耐湿的材料,水蒸气较多的房间顶棚宜有适当坡度,减少凝结水滴落;

7 粗加工区(间)、细加工区(间)、餐用具洗消间、厨房专间等应采用光滑、不吸水、耐用和易清洗材料墙面。

4.3.9 厨房区域各加工区(间)内宜设置洗手设施;厨房区域应设拖布池和清扫工具存放空间,大型以上饮食建筑宜设置独立隔间。

4.3.10 厨房有明火的加工区应采用耐火极限不低于 2.00 h 的防火隔墙与其他部位分隔,隔墙上的门、窗应采用乙级防火门、窗。

4.3.11 厨房有明火的加工区(间)上层有餐厅或其他用房时,其外墙开口上方应设置宽度不小于 1.0 m、长度不小于开口宽度的防火挑檐;或在建筑外墙上下层开口之间设置高度不小于 1.2 m 的实体墙。

## 4.4 辅 助 区 域

4.4.1 饮食建筑辅助部分主要由食品库房、非食品库房、办公用房、工作人员更衣间、淋浴间、卫生间、值班室及垃圾和清扫工具存放场所等组成,上述空间可根据实际需要选择设置。

4.4.2 饮食建筑食品库房宜根据食材和食品分类设置,并应根据实际需要设置冷藏及冷冻设施,设置冷藏库时应符合现行国家标准《冷库设计规范》GB 50072 的相关规定。

4.4.3 饮食建筑食品库房天然采光时,窗洞面积不宜小于地面面积的 1/10。饮食建筑食品库房自然通风时,通风开口面积不应小于地面面积的 1/20。

4.4.4 工作人员更衣间应邻近主、副食加工场所,宜按全部工作人员男女分设。更衣间入口处应设置洗手、干手消毒设施。

4.4.5 饮食建筑辅助区域应按全部工作人员最大班人数分别设置男、女卫生间,卫生间应设在厨房区域以外并采用水冲式洁具。卫生间前室应设置洗手设施,宜设置干手消毒设施。前室门不应朝向用餐区域、厨房区域和食品库房。卫生设施数量应符合现行行业标准《城市公共厕所设计标准》CJJ 14 的规定。

4.4.6　清洁间和垃圾间应合理设置,不应影响食品安全,其室内装修应方便清洁。垃圾间位置应方便垃圾外运。垃圾间内应设置独立的排气装置,垃圾应分类储存、干湿分离,厨余垃圾应有单独容器储存。

# 5　建 筑 设 备

## 5.1　给 水 排 水

5.1.1　饮食建筑应设置给水排水系统,且用水定额及给水排水系统的设计应符合现行国家标准《建筑给水排水设计规范》GB 50015 的有关规定。

5.1.2　饮食建筑的生活饮用水水质应符合现行国家标准《生活饮用水卫生标准》GB 5749 的有关规定。

5.1.3　冷冻或空调设备采用水冷却时,应采用循环冷却水系统。

5.1.4　卫生器具和配件应采用节水型产品。厨房专间洗手盆(池)水嘴宜采用非手动开关。

5.1.5　厨房给水排水管道宜采用金属管道。

5.1.6　厨房排水应符合下列规定:

1　采用排水沟时,排水沟与排水管道连接处应设置格栅或带网框地漏,并应设水封装置;

2　采用管道时,其管径应比计算管径大一级,且干管管径不应小于 100 mm,支管管径不应小于 75 mm。

5.1.7　厨房含油废水应进行隔油处理,隔油处理设施宜采用成品隔油装置。

5.1.8　对于可能结露的给水排水管道,应采取防结露措施。

## 5.2　供暖通风与空气调节

5.2.1　饮食建筑应根据规模、使用要求、所在气候区等选择设置供暖、通风或空气调节系统;并应根据当地的气象、水文、地质条件及能源情况等,选择经济合理的系统形式及冷、热源方式。

5.2.2　室内设计参数应符合下列规定:

1　供暖房间室内设计温度应符合表 5.2.2-1 的规定;

表 5.2.2-1　供暖房间室内设计温度

| 房间名称 | 室内设计温度/℃ |
| --- | --- |
| 用餐区域 | 16～22 |
| 公共区域 | 16～20 |
| 厨房区域 | 10～16 |
| 干菜、饮料库 | 8～10 |
| 蔬菜间 | 5 |
| 消洗间 | 16～20 |

2　空调房间室内设计参数应符合表 5.2.2-2 的规定;

表 5.2.2-2　空调房间室内设计参数

| 房间名称 | 室内温度/℃ | | 室内湿度/(%) | | 室内风速/(m/s) | |
| --- | --- | --- | --- | --- | --- | --- |
| | 夏季 | 冬季 | 夏季 | 冬季 | 夏季 | 冬季 |
| 用餐区域 | 24～28 | 18～24 | ≤65 | ≥30 | ≤0.3 | ≤0.2 |
| 公共区域 | 26～28 | 18～22 | ≤65 | ≥30 | ≤0.3 | ≤0.2 |
| 食品、酒水库 | 按储存要求 | ≥5 | — | — | — | — |

3　用餐区域、公共区域噪声不应大于 60 dB(A)；

4　餐馆、饮品店用餐区域、公共区域的新风量不应小于 25 m³/(h·人)，食堂、快餐店用餐区域、公共区域的新风量不应小于 23 m³/(h·人)，并应保证稀释室内污染物所需的新风量。

5.2.3　供暖通风及空气调节系统的设计应符合下列规定：

1　设供暖时，严禁采用有火灾隐患的供暖装置；

2　平面面积较大、内外分区特征明显的饮食建筑，宜按内外区分别设置空调风系统；

3　大型、特大型饮食建筑内区全年有供冷要求时，供暖季节宜采用室外新风或天然冷源供冷；

4　设有空调系统的用餐区域、公共区域，当过渡季节自然通风不能满足室内温度及卫生要求时，应采用机械通风，并应满足室内风量平衡要求；

5　火锅店、烧烤店宜设置排风罩，并应满足室内风量平衡要求；

6　空调及机械送风系统应设空气过滤装置，送风系统过滤器对大于或等于 2 μm 的大气尘计数效率不应低于 50%，空调系统终极过滤器对于大于或等于 0.5 μm 的大气尘计数效率不应低于 40%；

7　用餐区域、公共区域的空气调节系统宜采取基于 $CO_2$ 浓度控制的新风调节措施；

8　厨房专间空调应独立设置。

5.2.4　厨房区域应设通风系统，其设计应符合下列规定：

1　除厨房专间外的厨房区域加工制作区（间）的空气压力应维持负压，房间负压值宜为 5 Pa～10 Pa，以防止油烟等污染餐厅及公共区域；

2　热加工区（间）宜采用机械排风，当措施可靠时，也可采用出屋面的排风竖井或设挡风板的天窗等有效自然通风措施；

3　产生油烟的设备，应设机械排风系统，且应设油烟净化装置，排放的气体应满足国家有关排放标准的要求，排油烟系统不应采用土建风道；

4　产生大量蒸汽的设备，应设机械排风系统，且应有防止结露或凝结水排放的措施；

5　设有风冷式冷藏设备的房间应设通风系统，通风量应满足设备排热的要求；

6　厨房区域加工制作区（间）宜设岗位送风，夏热冬冷和夏热冬暖地区夏季的送风温度不宜高于 26 ℃，严寒和寒冷地区冬季的送风温度不宜低于 20 ℃。

## 5.3　电　　气

5.3.1　饮食建筑电气负荷，应根据其重要性和中断供电所造成的影响和损失程度分级，并应符合下列规定：

1　特大型饮食建筑的用餐区域、公共区域的备用照明用电应为一级负荷，自动扶梯、空调用电应为二级负荷；

2　大型、中型饮食建筑用餐区域、公共区域的备用照明用电应为二级负荷；

3　小型饮食建筑的用电应为三级负荷；

4　饮食建筑中的计算机管理设备应设置不间断供电电源作备用电源；

5　特大型、大型、中型饮食建筑的冷藏、冷冻设备宜配置备用电源；

6　饮食建筑中消防用电设备的负荷等级应符合国家现行防火相关标准的规定。

5.3.2　饮食建筑的照明设计，应符合下列规定：

1　照明设计应与室内设计和饮食工艺设计统一考虑；

2　照度、亮度在平面和空间均宜配制恰当，使一般照明、局部重点照明和装饰艺术照明有机组合；

3　为表达不同饮食建筑用餐区域的特定光色气氛，以及食品的真实性、强调性显色、立体感和质感，应合理选择光色间对比度、色温和照度要求。

5.3.3　饮食建筑各类房间照度的标准值应符合表 5.3.3 的规定。

表 5.3.3 饮食建筑照度标准值

| 序号 | 房间名称 | 参考平面及高度 | 照度/lx | 显色指数 $R_a$ |
|---|---|---|---|---|
| 1 | 更衣室 | 地面 | 150 | 80 |
| 2 | 粗加工区(间) | 0.75 m 水平面 | 200 | 80 |
| 3 | 细加工区(间) | 0.75 m 水平面 | 300 | 80 |
| 4 | 热加工区(间) | 0.75 m 水平面 | 300 | 80 |
| 5 | 洗消间 | 0.75 m 水平面 | 200 | 80 |
| 6 | 宴会厅 | 0.75 m 水平面 | 150～500(可调光) | 90 |

5.3.4 设在地下层(室)内的饮食建筑各类用房,如无天然光或天然光不足时,宜将设计照度提高一级。

5.3.5 各类饮食建筑的食品展示台、展示柜等应设局部照明。

5.3.6 饮食建筑中使用或产生水或水蒸气的粗加工区(间)、细加工区(间)、热加工区(间)、洗消间等场所安装的电气设备外壳、灯具、插座等的防护等级不应低于 IP54,操作按钮的防护等级不应低于 IP55。

5.3.7 饮食建筑的应急照明应按现行国家标准《建筑设计防火规范》GB 50016 设置,并应符合下列规定:

1 中型及中型以上饮食建筑的厨房区域应设置供继续工作的备用照明,其照度不应低于正常照明的 1/5;用餐区域应设置供继续营业的备用照明,其照度不应低于正常照明的 1/10;

2 小型饮食建筑的厨房区域、用餐区域,宜设置备用照明,其照度不应低于 10 lx;

3 一般场所的备用照明启动时间不应大于 1.5 s,贵重物品区域和收银台的备用照明应单独设置,其启动时间不应大于 0.5 s。

5.3.8 厨房专间内应设置紫外线消毒灯,灯具的开关应设置在厨房专间外并应有明显标志,以免误开启。厨房专间内应配备紫外辐射照度计。

5.3.9 厨房区域加工制作区(间)的电源进线应留有一定余量,配电箱应留有一定数量的备用回路。电气设备、灯具、管路应有防潮措施。

5.3.10 厨房区域及其他环境潮湿场地的配电回路,应设置剩余电流保护。

5.3.11 饮食建筑的弱电及智能化系统应根据其经营性质、规模等级及管理方式的需求进行设置,并应符合下列规定:

1 中型及中型以上饮食建筑的大厅、休息厅、总服务台等公共区域,应设置公用直线和内线电话,小型饮食建筑的服务台宜设置公用直线电话;

2 中型及中型以上饮食建筑的公共办公区域、休息厅、总服务台和顾客休闲场所等处,宜设置商业管理或电信业务运营商宽带无线接入网;

3 饮食建筑综合布线系统的配线器件与缆线,应满足千兆及以上以太网信息传输的要求,并宜预留信息端口数量和传输带宽的裕量;饮食建筑的每个工作区应根据业务需要设置相应的信息端口;

4 中型及中型以上饮食建筑宜设置商业管理无线对讲通信覆盖系统;

5 中型及中型以上饮食建筑应在建筑物室外和室内的公共场所设置信息发布系统;

6 中型及中型以上饮食建筑的等候区、包间内应设置有线电视信号接口;

7 中型及中型以上饮食建筑的用餐区域和公共区域应设置背景音乐广播系统,该系统应受火灾自动报警系统的联动控制;

8　饮食建筑的安全技术防范系统设置应符合现行国家标准《安全防范工程技术规范》GB 50348 的有关规定,大型、特大型饮食建筑的加工区、厨房、传菜区域应设置图像监视系统;中型饮食建筑的加工区、厨房、传菜区域宜设置图像监视系统;

9　大型、特大型饮食建筑应设置顾客人数统计系统,中型饮食建筑宜设置顾客人数统计系统;

10　除食堂外,大型、特大型饮食建筑的用餐区域应设置桌铃服务系统,中型饮食建筑的用餐区域宜设置桌铃服务系统;

11　中型及中型以上饮食建筑应设置商业信息管理系统,该系统应根据商业规模和管理模式设置前、后台系统管理软件。

## 引用标准名录

1　《建筑给水排水设计规范》GB 50015

2　《建筑设计防火规范》GB 50016

3　《城镇燃气设计规范》GB 50028

4　《冷库设计规范》GB 50072

5　《安全防范工程技术规范》GB 50348

6　《无障碍设计规范》GB 50763

7　《生活饮用水卫生标准》GB 5749

8　《城市公共厕所设计标准》CJJ 14

9　《饮食业环境保护技术规范》HJ 554

10　《建筑地面工程防滑技术规程》JGJ/T 331

# 5.3　设计任务书

## 1. 任务书一:小型餐馆建筑设计

1）教学目的

① 初步学习和掌握餐饮建筑设计的内容,初步了解小型公共建筑的功能特点,培养构思能力。

② 在空间和功能上主要进行以下两个方面的训练。

首先,着重培养和训练同学们对于室内空间的认知和塑造能力,即通过一系列空间划分的手段,对室内空间进行有效的组织,创造出一个丰富多变、富有吸引力的用餐环境。

其次,训练学生在有限的场地内,组织好较为复杂的小型公共建筑的功能和流线关系(特别是厨房部分),同时初步学会运用光、色彩、材料及其他空间组织的基本手法。

③ 了解家具与人体尺度的关系,并了解人的行为心理及其与建筑设计的关系。

④ 把握餐饮建筑的功能要求及空间特征,并了解相关设计规范,完善专业知识构成。

2）设计要求

① 今拟在南方某城市景区公园内新建一小型餐馆,设置 80 个座位,同学们可以根据自己所构思的餐馆经营特点和建筑风格确定餐馆字号。

② 总建筑面积约 400 m²(±10%)(面积以轴线计),建筑层数为 1~3 层。

③ 结构类型:框架结构。

④ 功能内容及使用面积如表 5-6 所示(所有面积以轴线计)。

表 5-6　功能内容及使用面积情况

| 功能分区 | 空间名称 | 功能要求 | 家具设备 | 面积/m² |
|---|---|---|---|---|
| 餐厅部分 | 餐厅 | ① 根据餐馆经营特点可分为雅座和散座，亦可设酒吧和快餐座；<br>② 餐厅不仅提供餐饮服务，同时应创造良好的餐饮环境及气氛；<br>③ 注意交通组织，体现空间的流动性；<br>④ 也可考虑加其他辅助功能 | ① 座位：80 个；<br>② 可设小卖部、酒吧等 | 140 |
| | 付货部 | ① 提供酒水、冷荤、备餐、结账等服务；<br>② 位置应设在厨房与餐厅交接处，与服务人员和顾客均有直接联系 | ① 柜台、货架、付款机等；<br>② 可根据不同经营特点，适当考虑部分食品展示功能 | 10 |
| | 门厅 | 引导顾客通往餐厅各处的交通与等候空间 | ① 可设存衣、引座等服务设施；<br>② 设部分等候座位；<br>③ 可设部分食品展示柜 | 15 |
| | 客用厕所 | ① 男、女厕所各一间；<br>② 洗手台可单独设置或分设于男、女厕所内；<br>③ 厕所门的设置要隐蔽，应避开从公共空间投来的直接视线 | ① 男、女厕所内各设便位 1～2 个；<br>② 男厕所设小便位 1 个；<br>③ 带台板的洗手池 1 个；<br>④ 拖布池 1 个 | 15 |
| 厨房部分 | 主食初加工 | ① 完成主食制作的初步程序；<br>② 要求与主食库有较方便的联系 | 设面案、洗米机、发面池、饺子机、餐具与半成品置放台 | 20 |
| | 主食热加工 | ① 主食半成品进一步加工；<br>② 要求与主食初加工和备餐有直接联系 | ① 设蒸箱、烤箱等；<br>② 考虑通风和排出水蒸气 | 30 |
| | 副食粗加工 | ① 属于原料加工，对从冷库和外购的肉、禽、水产品和蔬菜等进行清洗和粗加工；<br>② 要求与副食库有较方便的联系 | 设冰箱、绞肉机、切肉机、菜案、洗菜池等 | 20 |
| | 副食热加工 | ① 含副食细加工和烹调间等部分，可根据需要做分间和大空间处理；<br>② 对于经过粗加工的各种原料，分别按照菜肴和冷荤需要进行称量、洗切、配菜等过程后，成为待热加工的半成品；<br>③ 要求与副食粗加工有直接联系 | ① 设菜案、洗池和各种灶台等；<br>② 灶台上部考虑通风和排烟处理 | 40 |
| | 冷荤制作 | 注意生熟分开 | 设菜案和冷荤制作台 | 10 |
| | 主食库 | 存放供应主食所需米、面和杂粮 | — | 10 |
| | 副食库 | ① 包括干菜、冷荤、调料和半成品；<br>② 冷藏库考虑保温 | — | 15 |

| 功能分区 | 空间名称 | 功能要求 | 家具设备 | 面积/m² |
|---|---|---|---|---|
| 备餐部分 | 备餐 | ① 包括主食备餐和副食备餐;<br>② 要求与热加工有方便联系;<br>③ 位于厨房与餐厅之间,与餐厅相接一面应靠近付货台,以便管理;<br>④ 视设计需要可部分设在二楼;<br>⑤ 设食梯两部 | 设备餐台、餐具存放等 | 12～18 |
| | 餐具洗涤消毒间 | ① 餐具的洗涤、消毒和短时存放;<br>② 要求与备餐有较方便的联系 | 设洗碗池、消毒柜等 | 10 |
| 辅助部分 | 办公室两间 | 会计、经理办公和值班 | 办公用桌椅和橱柜 | 24 |
| | 更衣、休息 | ① 男、女更衣间各1间;<br>② 休息室1间 | 设更衣柜、休息座椅等 | 20 |
| | 淋浴、厕所 | ① 男、女厕所各1间;<br>② 淋浴可分设于男、女厕所内,亦可集中设1淋浴间,分时使用 | ① 男女厕所内各设便位1个,淋浴1个;<br>② 男厕所设小便器1个;<br>③ 前室设洗手盆1个;<br>④ 拖布池1个 | 共16 |
| 备注 | | ① 大餐厅净高不得低于3.0 m,小餐厅净高不得低于2.6 m,设空调的餐厅净高不得低于2.4 m,异形顶棚最低处不得低于2.4 m;<br>② 厨房部分净高不得低于3.0 m;<br>③ 餐厅和厨房尽量考虑自然采光和通风(要求洞口面积不少于该房间地面的1/10,通风开口不少于该房间地面的1/16) | | |

3）设计要点

① 把握好各类餐厅的竖向布局,使顾客的就餐路线明确、顺畅、便捷。位于三层及三层以上的一级餐馆与饮食店、四层及四层以上的其他各级餐馆与饮食店均宜设置顾客电梯。当城市有关部门要求该餐饮建筑照顾到残疾人使用方便时,在平面布局和交通及卫生设施上应考虑残疾人的特殊要求。

② 流线设计要注意顾客流线与送餐流线的相对独立,避免并行。这就要求餐厅的两个入口(顾客入口和送餐入口)距离要拉开。

③ 各餐厅空间都需通过备餐与厨房相连,以保证送餐路线便捷,厨房最好不要通过公共过道与餐厅相联系,以防止顾客流线与送餐流线相混。

④ 厨房设计要注意分区明确,合理安排办公区(办公室、男女更衣室、男女厕所、淋浴间)、库房区(主副食库、冷库、调料库等)、加工区(主食蒸煮、副食烹调、熟食配制等)。各房间的功能组合,内部流线清楚,符合工艺流程。对原料与成品及生食与熟食,均应做到分隔加工与存放。

⑤ 餐厅、各加工间及库房设计要注意室内最低净高、自然采光与通风的有关要求。

4）图纸要求

（1）图纸规格

A1图幅,张数不限,每套图纸须有统一的图名和图号。

（2）表现手法

水彩渲染。要求图线粗细有别,运用合理;文字与数字书写工整,采用手工作图,彩色渲染。

（3）图纸内容

① 总平面图。比例:1:500。要求:全面表达建筑与原有地段的关系以及周边道路状况。

② 各层平面图。比例:1:100(包括室内家具及陈设布置、屋顶平台、室外环境设计)。要求:应注明各房间名称(禁用编号);首层平面图应表现局部室外环境,画剖切符号;各层平面应标注标高,同层中有高差变化时亦须标明。

③ 立面图。比例:1:100(不少于2个)。要求:制图时用粗细线来表达建筑立面各部分的关系。

④ 剖面图。比例:1:100(1~2个)。要求:应选在楼梯间和能最大限度表现建筑内部空间的位置,应标明室内外、各楼地面及檐口标高。

⑤ 透视图,至少1个。要求:主透视应看到主入口。

⑥ 室内空间透视图,1~2个。

⑦ 设计说明、分析图及主要技术经济指标。要求:注明用地面总建筑面积、基底面积、绿化率、容积率等主要经济指标。

5）进度安排

进度安排如表5-7所示。

表5-7　进度安排

| 时间 | 课程内容 | 作业要求 |
|---|---|---|
| 第1周 | 理论教学 | 参观调研和收集资料 |
| 第2~3周 | 一草 | 任务:绘制总平面图、各层平面图,制作过程模型,推敲形体。<br>此阶段着重考虑和解决的问题如下。<br>① 平面布局合理,满足各项使用要求。应考虑:<br>a. 平面布局能够满足各项使用要求;<br>b. 客流组织是否合理,工作人员流线是否合理,货物流线是否合理,楼梯位置是否得当,对几个客席区的供应是否方便;<br>c. 客用部分与服务部分的关系是否合理,付货柜台与制作、洗涤消毒及库房的联系是否方便;<br>d. 上下两层的主要承重结构是否对齐;<br>e. 建筑入口前空间的环境设计(绿化、小品、铺地)及庭院设计。<br>② 探索多种方案布局,通过分析其优劣,择优综合,以确定本阶段的最佳方案。<br>③ 徒手或尺规绘制总平面图、各层平面图 |
| 第4~5周 | 二草 | 任务:完善总平面图、各层平面图。<br>① 绘制立面图、剖面图、初步透视图。<br>② 完善过程模型,确定建筑体型。<br>③ 要求:在一草的基础上继续丰富和完善方案构思,深入方案,确定建筑空间形式及风格,推敲立面 |
| 第6周 | 正草 | ① 改进和深入完善方案,着重做好客用部分的室内空间环境设计,进行空间界面和建筑细部的设计,餐桌的布置应满足人的行为心理需求,营造有个性特色的餐饮环境。<br>② 完善室内、外透视图。<br>③ 本阶段图纸内容与正图一致 |
| 第7~8周 | 集中上版 | 完成正图 |

6）评分标准

① 效果图及图面表达:30%。

② 各层平面功能及空间关系:35%。

③ 各立面图:10%。

④ 各剖面图:10%。

⑤ 各平面图:10%。

⑥ 设计说明及经济技术指标:5%。

7) 参考资料

① 《民用建筑设计通则》(GB 50352—2005)。

② 《建筑设计防火规范》(GB 50016—2014)。

③ 《饮食建筑设计标准》(JGJ 64—2017)。

④ 《建筑设计资料集》编委会编《建筑设计资料集》第 5 集,中国建筑工业出版社出版。

⑤ 张绮曼、郑曙旸主编《室内设计资料集》,中国建筑工业出版社出版。

⑥ 邓雪娴、周燕珉、夏晓国主编《餐饮建筑设计》,中国建筑工业出版社出版。

⑦ 《建筑学报》《世界建筑》《建筑师》等相关建筑杂志。

8) 地形图

地形图如图 5-26 所示。

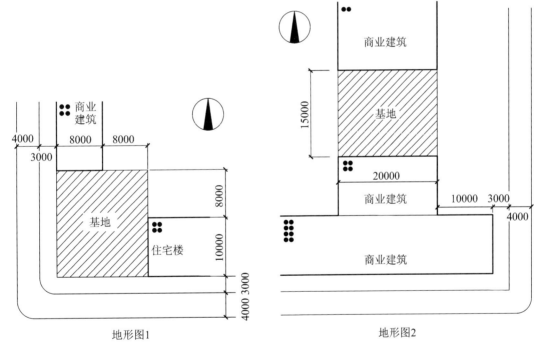

地形图1

地形图2

(注:在地形图1和地形图2中任选一个完成设计)

**图 5-26  地形图**

## 2. 任务书二:高校餐厅建筑设计

1) 教学目的

① 初步了解建筑功能、技术、构造、空间、环境、形式之间的关系,理解系统分析及设计的方法。

② 理解功能和造型的关系,理解建筑功能体系的构成,掌握较复杂多元功能空间建筑设计的方法与概念。

③ 理解建筑空间尺度与功能、家具与人体尺度的关系,进一步掌握多元素组合的方法。

④ 进一步树立结构和构造的观念。

⑤ 初步了解相关建筑设计规范的内容和重要性。

⑥ 熟练掌握通过工作模型进行设计的方法,进一步掌握建筑图面表现及图文组织的方法。

2)设计内容

① 今拟在南方某高校新建一食堂兼作学生活动中心,设计选址及红线范围见地形图。该食堂旨在为学校部分教职工及学生提供一个方便、高效、舒适、宜人的就餐环境,同时可以为学生社团提供一定的社团活动场地及必要的社团办公场地。功能要求合理,空间组织及形体要表现餐饮建筑的特点;处理好建筑物与环境之间的关系;立面与造型要美观、富有变化。

② 建筑面积为 2500 m²(±5%)(面积以轴线计),可容纳约 500 人同时就餐;层数不超过四层,按照二级防火等级进行设计。

③ 结构类型:框架结构。

④ 功能内容及使用面积如表 5-8 所示(所有面积以轴线计算)。

表 5-8　功能内容及使用面积情况

| 功能分区 | 空间名称 | 功能要求 | 家具设备 | 面积/m² |
|---|---|---|---|---|
| 餐厅部分 | 大餐厅 | 餐厅可分层设置,每层餐厅类型可自行调整,如风味餐厅,自助餐厅等 | ① 座位:约 500 个,视不同功能可增设娱乐设施,如舞台、钢琴台等;<br>② 餐厅内部可附设咖啡厅,小卖部等附属设施 | 600 |
| | 小餐厅 | 作为雅座或围餐,可多间布置 | — | 200 |
| | 门厅 | 引导就餐者通往餐厅各处的交通与等候空间 | — | 80 |
| | 客用厕所 | ① 男厕和女厕分开设置;<br>② 厕所门的设置要隐蔽,应避开从公共空间投来的直接视线 | — | 共 60 |
| | 小卖部 | 可单独对外设置,也可和大餐厅结合设置 | — | 20 |
| | 售卡部 | — | — | 10 |
| 厨房部分(餐厨比 2:1 左右,各部分面积按规范自行设计及调整) | 主食初加工 | ① 完成主食制作的初步程序;<br>② 要求与主食库有较方便的联系 | 设面案、洗米机、发面池、饺子机、餐具与半成品置放台 | 共约 80 |
| | 主食热加工 | ① 主食半成品进一步加工;<br>② 要求与主食初加工和备餐有直接联系 | ① 设蒸箱、烤箱等;<br>② 考虑通风和排出水蒸气 | 共约 120 |
| | 副食粗加工 | ① 属于原料加工,对从冷库和外购的肉、禽、水产品和蔬菜等进行清洗和粗加工;<br>② 要求与副食库有较方便的联系 | 设冰箱、绞肉机、切肉机、菜案、洗菜池等 | 共约 80 |
| | 副食热加工 | ① 含副食细加工和烹调间等部分,可根据需要做分间和大空间处理;<br>② 对于经过粗加工的各种原料,分别按照菜肴和冷荤需要进行称量、洗切、配菜等过程后,成为待热加工的半成品;<br>③ 要求与副食粗加工有直接联系 | ① 设菜案、洗池和各种灶台等;<br>② 灶台上部考虑通风和排烟处理 | 共约 180 |
| | 冷荤制作 | 注意生熟分开 | 设菜案和冷荤制作台 | 共约 80 |

| 功能分区 | 空间名称 | 功能要求 | 家具设备 | 面积/m² |
|---|---|---|---|---|
| 厨房部分 | 主食库 | — | — | 共约 40 |
| | 副食库 | — | | 共约 40 |
| | 售餐区 | 售餐区紧邻大餐厅,与大餐厅相连一面设售菜台和售菜窗口,售餐区可与备餐区合并 | — | 共约 80 |
| | 洗涤消毒间 | ① 餐具的洗涤、消毒和短时存放;<br>② 要求与备餐有较方便的联系 | 设洗碗池、消毒柜、餐具短时存放台、垃圾桶等 | 共约 60 |
| 辅助部分 | 办公室 | 3 间 | — | 共 60 |
| | 更衣、休息 | ① 男、女更衣间各 1 间;<br>② 男、女休息间各 1 间 | 设更衣柜、休息座椅等 | 30 |
| | 淋浴、厕所 | 男、女淋浴和厕所分开设置 | — | 30 |
| | 学生就业指导中心及社团办公室 | 3～5 间 | — | 共 120 |
| | 学生活动室 | 供学生活动,可与咖啡厅等结合 | — | 180 |
| 备注 | ① 大餐厅净高不得低于 3.0 m,小餐厅净高不得低于 2.6 m,设空调的餐厅净高不得低于 2.4 m,异形顶棚最低处不得低于 2.4 m;<br>② 厨房部分净高不得低于 3.0 m;<br>③ 餐厅和厨房尽量考虑自然采光通风(要求洞口面积不少于该房间地面的 1/10,通风开口不少于该房间地面的 1/16);<br>④ 厨房注意风向及排烟处理 | | | |

3) 设计要求

① 设计应由每一位同学独立创作完成。

② 设计应综合体现总体规划与空间构成、功能逻辑、结构与构造、规范、视觉表达等方面内容。

③ 设计除在最后成果中体现以上内容之外,还应反映出对于设计过程的整体把握。

④ 设计应具有较具体的色彩、材料的选择,具有较成熟建筑形体的处理和明确的建筑语言的应用,且反映构成概念。

4) 设计要点

① 把握好各类餐厅的竖向布局,使顾客的就餐路线明确、顺畅、便捷。位于三层及三层以上的一级餐馆与饮食店、四层及四层以上的其他各级餐馆与饮食店均宜设置顾客电梯。当城市有关部门要求该餐饮建筑照顾残疾人使用方便时,在平面布局和交通及卫生设施上应考虑残疾人的特殊要求。

② 流线设计要注意顾客流线与送餐流线的相对独立,避免并行。这就要求餐厅的两个入口(顾客入口和送餐入口)距离要拉开。

③ 各餐厅空间都需通过备餐与厨房相连,以保证送餐路线便捷,厨房最好不要通过公共过道与餐厅相联系,以防止顾客流线与送餐流线相混。

④ 厨房设计要注意分区明确,合理安排办公区(办公室、男女更衣室、男女厕所、淋浴间)、库房区(主副食库、冷库、调料库等)、加工区(主食蒸煮、副食烹调、熟食配制等)。各房间的功能组合,内部流线清楚,符合工艺流程。对原料与成品及生食与熟食,均应做到分隔加工与存放。

⑤ 餐厅、各加工间及库房设计要注意室内最低净高、自然采光与通风的有关要求。

5) 图纸要求

(1) 图纸规格

A1 图幅,张数不限,每套图纸须有统一的图名和图号。

（2）表现手法

水彩渲染。要求图线粗细有别,运用合理;文字与数字书写工整,采用手工作图,彩色渲染。

（3）图纸内容

① 总平面图。比例:1:500。要求:需要表达建筑与周边环境的关系,场地标高,层数等技术指标,表达完整。

② 各层平面图。比例:1:200。要求:应注明各房间名称(禁用编号);首层平面图应表现局部室外环境,画剖切符号;各层平面应标注标高,同层中有高差变化时亦须标明。

③ 立面图。比例:1:200(不少于2个)。要求:制图时用粗细线来表达建筑立面各部分的关系。

④ 剖面图。比例:1:200(1~2个)。要求:应选在楼梯间和能最大限度表现建筑内部空间的位置,应标明室内外、各楼地面及檐口标高。

⑤ 透视图,至少1个。要求:主透视应看到主入口。

⑥ 室内空间透视图,1~2个。

⑦ 设计说明、分析图及主要技术经济指标。要求:注明用地面积、总建筑面积、基底面积、绿化率、容积率等主要经济指标。

⑧ 其他。可适当增加有助于表达构思的大样、小透视或分析图。

6）进度安排

进度安排如表5-8所示。

表 5-8　进度安排

| 时间 | 课程内容 | 作业要求 |
| --- | --- | --- |
| 第1~2周 | 理论教学 | 参观调研和收集资料 |
| 第3~4周 | 一草 | 任务:绘制总平面图、各层平面图,推敲形体。<br>此阶段着重考虑和解决的问题如下。<br>① 平面布局合理,满足各项使用要求。应考虑:<br>a. 平面布局能够满足各项使用要求;<br>b. 客流组织是否合理,工作人员流线是否合理,货物流线是否合理,楼梯位置是否得当,对几个客席区的供应是否方便;<br>c. 客用部分与服务部分的关系是否合理;<br>d. 上下两层的主要承重结构是否对齐;<br>e. 建筑入口前空间的环境设计(绿化、小品、铺地)及庭院设计。<br>② 探索多种方案布局,通过分析其优劣,择优综合,以确定本阶段的最佳方案。<br>③ 徒手或尺规绘制总平面图、各层平面图 |
| 第5~7周 | 二草 | 任务:完善总平面图、各层平面图。<br>① 绘制立面图、剖面图、初步透视图;<br>② 完善过程模型,确定建筑体型;<br>③ 要求:在一草的基础上继续丰富和完善方案构思,深入方案,确定建筑空间形式及风格,推敲立面;<br>④ 本阶段图纸内容与正图一致 |
| 第8周 | 集中上版 | 完成正图 |

7）评分标准

本课程期末成绩按百分制计算,各环节分值比例如下。

① 平时考勤:5%。

② 平时作业:15%。

③ 两次草图:30%。

④ 正图:50%。

8)正图评分标准

① 平面布局合理,满足各项使用要求,占 30 分。

② 造型美观大方,占 30 分。

③ 设计有一定见解,占 10 分。

④ 制图规范,占 20 分。

⑤ 完成任务书要求的内容,占 10 分。

注:①所有图纸均为手绘,非手绘图纸按 0 分计。

②不能按时交正图的,扣该次设计正图成绩,每迟交一天扣 5 分。

9)参考资料

①《民用建筑设计通则》(GB 50352—2005)。

②《建筑设计防火规范》(GB 50016—2014)。

③《饮食建筑设计标准》(JGJ 64—2017)。

④《建筑设计资料集》编委会编《建筑设计资料集》第 5 集,中国建筑工业出版社出版。

⑤ 张绮曼、郑曙旸主编《室内设计资料集》,中国建筑工业出版社出版。

⑥ 邓雪娴、周燕珉、夏晓国主编《餐饮建筑设计》,中国建筑工业出版社出版。

⑦《建筑学报》《世界建筑》《建筑师》等相关建筑杂志。

⑧ 爱德华·T·怀特主编《建筑语汇》,大连理工大学出版社出版。

10)地形图

地形图如图 5-27 所示。

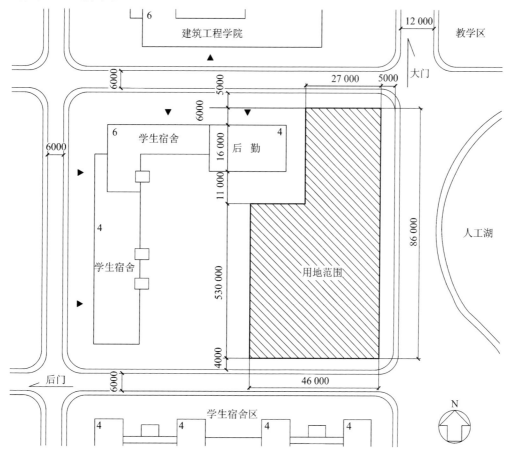

图 5-27　地形图

## 5.4 作业范例及评析

**1. 高校餐厅设计一**（2015 级建筑学专业，杨国桥）

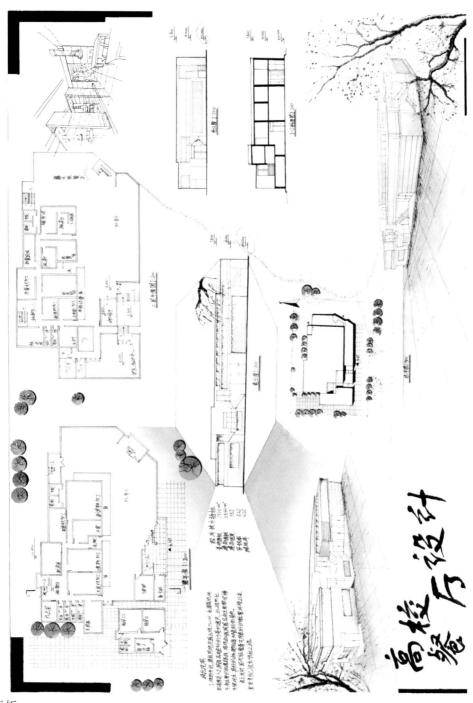

作业评析：

　　该设计结合高校学生的特点，利用竖向功能分区，为学生提供不同的就餐形式和就餐选择，满足现代大学生的实际需求。图面表达简洁、干净。但是，建筑造型缺乏细节，体量关系处理欠佳，制图也不够规范。

**2．高校餐厅设计二（2015 级建筑学专业，满人华）**

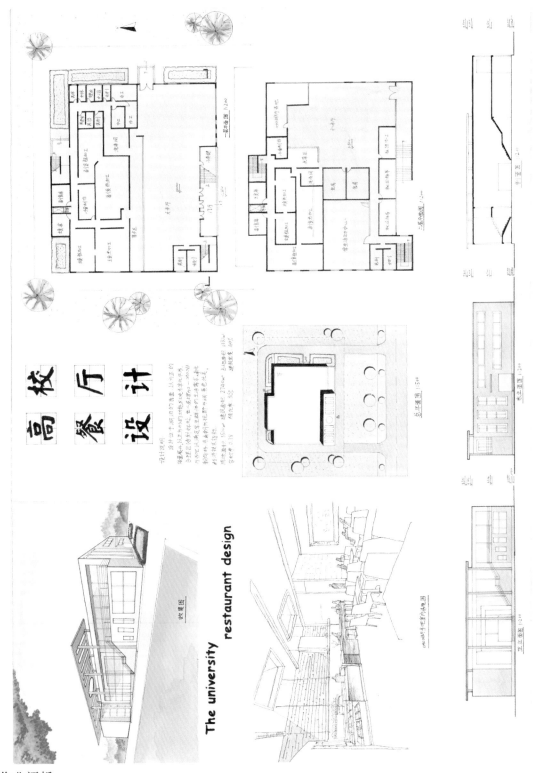

作业评析：

　　该设计建筑造型满足高校餐厅气质形象，主次分明，虚实结合，重点突出。内部功能流线基本合理。制图较规范，图面清爽、整洁，表达完整。布图结合建筑的造型，采取均衡布图，也取得了不错的效果。

### 3. "恰少年"咖啡厅设计（2014 级城乡规划专业，杨成航）

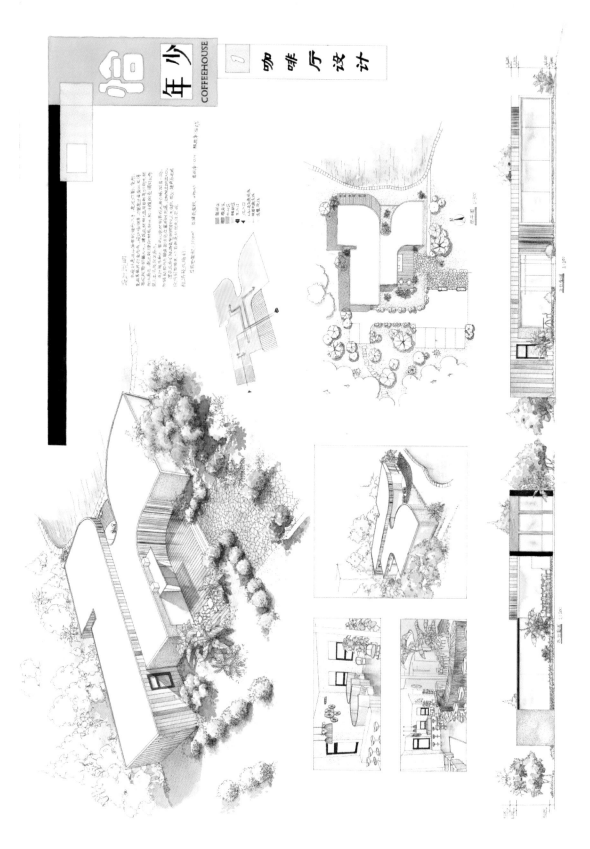

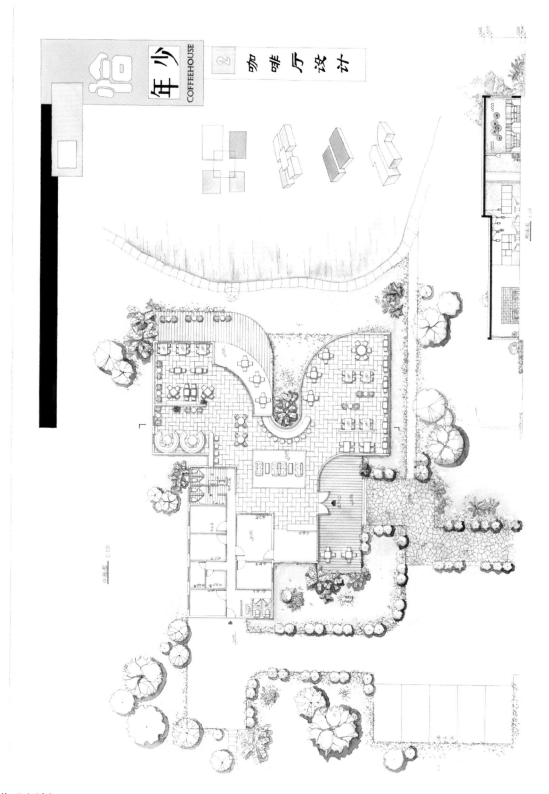

作业评析：

　　该方案结合小型餐饮建筑设计的要点和基地地形特点，以长方形和规则弧线为基本设计元素，充分考虑建筑体量高差，分别形成主次两个室外景观节点。动静、抑扬、功能、造型相互结合，相得益彰。制图规范，布图松紧有致，图面效果优良。

### 4."菱近旧时光"咖啡厅设计(**2014**级城乡规划专业,韦宗琪)

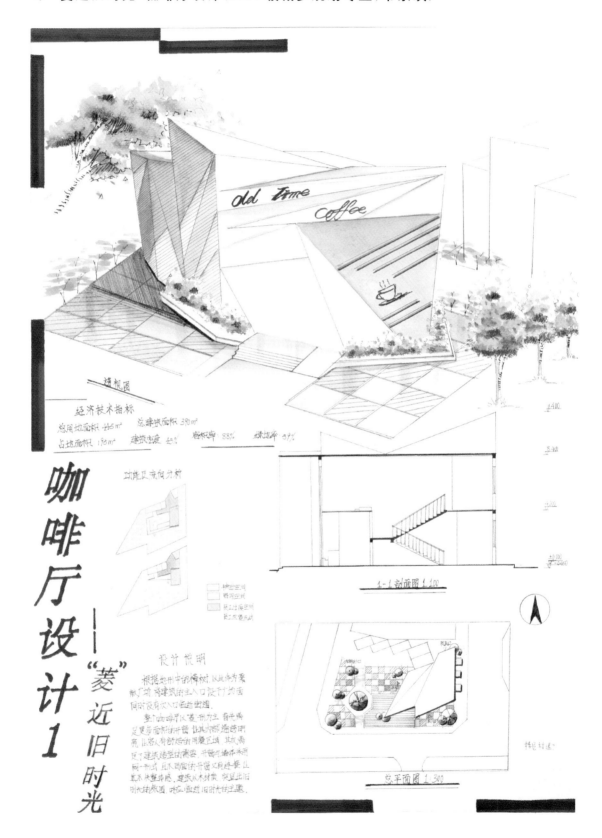

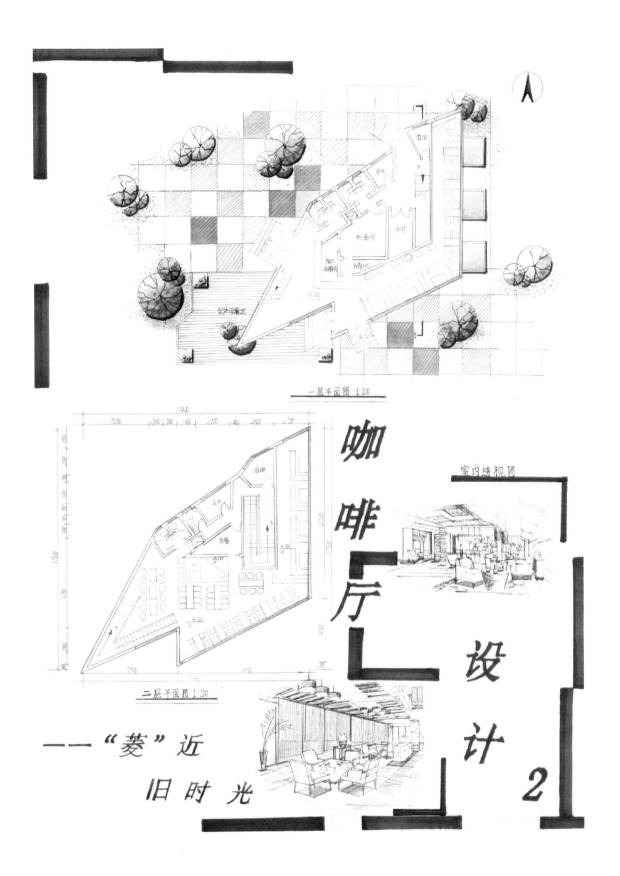

一层平面图 1:100

二层平面图 1:100

室内透视图

咖啡厅设计

——"菱"近旧时光

2

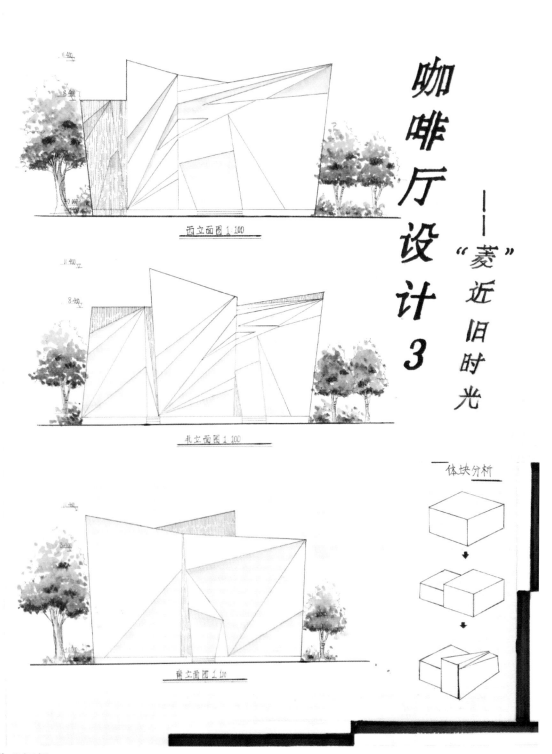

咖啡厅设计3 ——"菱"近旧时光

西立面图 1:100

北立面图 1:100

南立面图 1:100

体块分析

**作业评析:**

　　该方案出乎意料地将咖啡和"棱角"两个互不相联的事物结合起来,用一种充满生机,带着对各种问题的思考,并且积极向上的形态,诠释了设计者对"咖啡文化"的理解。形体自然伸展,让人看到一种遇到挫折而不言放弃的精神。图面效果也很不错。让人遗憾之处在于,为了这种形体和意向,牺牲了一部分空间的完整性。

**5. "聆馨"茶餐厅设计（2015 级建筑学专业，陈鹏）**

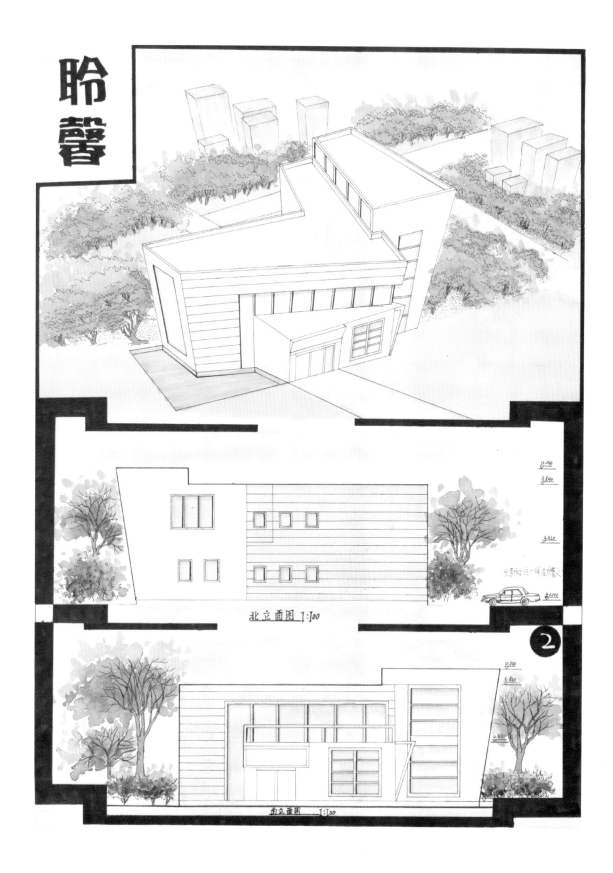

聆馨

北立面图 1:100

②

南立面图 1:100

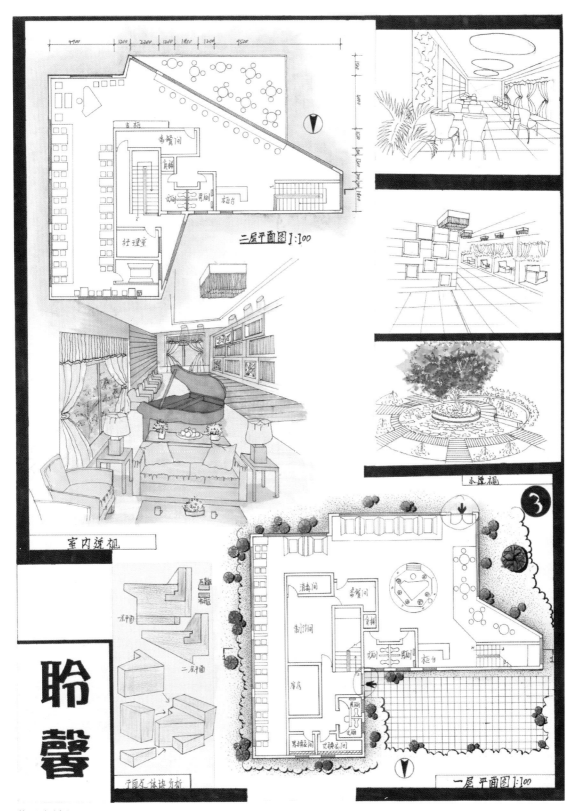

作业评析:

　　该方案从设计角度而言,功能分区合理,造型满足小型餐饮建筑的特点。在各个形体之间使用穿插等手法,使整体建筑体量完整、主次清晰、虚实得当。设计的遗憾之处在于图面表达方面,一是布图过密,二是用色过于厚重,使整个图面显得脏乱而且不透气。

# 二年级下学期设计课题

# 第6章 中小学建筑设计

 **6.1** 设计原理

中小学建筑是大家比较熟悉的建筑类型之一,其建筑设计要适合中小学生的心理和行为特点,建筑风格应体现积极进取、拼搏向上的精神。中小学建筑设计,除了要遵守国家有关定额、指标、规范和标准外,还要在总体环境的规划布置,教学楼的平面与空间组合形式,以及材料、结构、构造、施工技术和设备的选用等方面,恰当地处理好功能、技术与艺术三者之间的关系。

**1. 现有中小学的基本情况**

1)学制

我国现行学制为小学六年、中学六年。义务教育阶段是小学及初级中学共九年。

2)学校规模与班级人数

小学规模以12~24个班级为宜,中学规模以18~24个班级为宜,大中城市人口密集地区,可设30个班级规模的学校。其中小学每班学生45人,中学每班学生50人。

**2. 中小学的总平面设计**

1)中小学总平面的功能分区

① 教学区:由各种教学用房和行政办公用房组成。

② 体育活动区:由各种体育活动场地、球类场地、体育馆、游泳池等组成。

③ 生活区:由学生宿舍、厨房和食堂等组成。

④ 绿化区:由道路绿化和草坪绿化等组成。

⑤ 科学实验园地:包括生物教学标本园地、植物种植园地、动物饲养园地及小气象站等。

2)中小学总平面设计的要求

① 教学用房、教学辅助用房、行政管理用房、服务用房、运动场地、自然科学园地及生活区应分区明确、布局合理、联系方便、互不干扰。

② 风雨操场应离开教学区,靠近室外运动场地布置。

③ 音乐教室、琴房、舞蹈教室应设在不干扰其他教学用房的位置。

④ 学校的校门不宜开向城镇干道或机动车流量每小时超过300辆的道路。校门外应留出一定的缓冲距离。

⑤ 建筑物的间距应符合下列规定:

a. 教学用房应有良好的自然通风;

b. 南向的普通教室冬至日低层满窗日照不应小于2 h;

c. 两排教室的长边与运动场地的间距不应小于 25 m。

3）中小学总平面的布置方式

在总平面布置中，主要是处理好教学楼、出入口与运动场的关系，应尽量争取南北向。根据不同的地形环境条件，一般有以下几种布置方式。

① 运动场位于教学楼的一侧，教学楼与运动场的朝向均佳，功能关系好，运动噪声对教室干扰小，如图 6-1(a)、图 6-1(b)、图 6-1(c)所示。

② 若运动场位于教学楼的前面或后面，当运动场的长轴与教学楼平行时，则二者中有一个的朝向会较差，干扰也较大，如图 6-1(d)所示，为解决这一矛盾，此时教学楼临近运动场一面可布置为辅助房间或外廊，并用绿化隔离；当运动场的长轴与教学楼垂直时，两者之间需加绿化隔离，以减少干扰，如图 6-1(e)、图 6-1(f)所示。

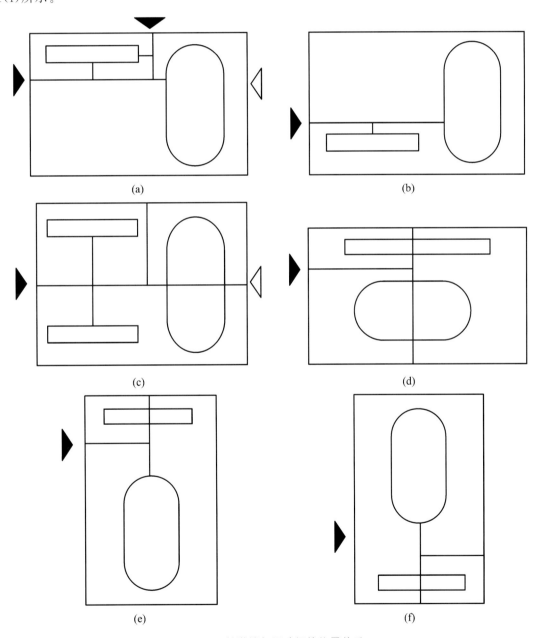

(a)　(b)　(c)　(d)　(e)　(f)

**图 6-1　教学楼与运动场的位置关系**

(a)(b)(c)运动场位于教学楼的一侧；(d)运动场的长轴与教学楼平行；(e)(f)运动场的长轴与教学楼垂直

4）中小学总平面的设计要点

① 遵守国家和省市的有关规定、规范和标准，符合规划要求。

② 平面布置按各个功能分区的要求，做到分区明确、布局合理、联系方便、互不干扰。

a. 由教室、实验室和图书室等组成的教学区，应布置在校园中相对安静的部位，并有良好的朝向；

b. 办公部分应安排在对外方便联系、对内方便管理的位置；

c. 生活功能区应相对独立，自成体系，应设有独立出入口，方便对外联系；

d. 体育活动用房应接近室外体育活动场地，形成体育活动区，并应安排在其他功能区的下风方向；

e. 注意建筑的间距要求。

③ 校园内教学楼的位置、体型、层数、出入口位置等，既要满足功能要求，也要考虑城市规划要求，并应和周围建筑、景观、环境相协调。

④ 校园内道路系统应简明、直接。

⑤ 结合建筑物的布局，做好校园内的绿化规划，丰富校园景观，创造良好的校园环境。

5）学校出入口的设计

① 学校出入口应面向其所服务的住宅区或大量来校人员进入的部位。

② 学校出入口应设于靠近交通方便、通行安全、车流量较小的街道内，有利于学校的功能分区及道路组织。

③ 学生进校后应能直接到达教学楼，不应有横跨体育活动场地及绿化区的可能性；学生进入校门后也应能直接、顺畅，不经过教学区即可到达体育活动场地。

④ 学校出入口要有足够宽度的校门，也应设一较窄通道。

⑤ 学校出入口应考虑出入口缓冲区。

## 3. 中小学教学楼的组成

中小学教学楼一般由以下三个部分组成。

教学部分：包括普通教室、实验室、音乐教室、语言教室及图书阅览室等，它们是教学楼的主体部分。

办公部分：包括行政办公室、社团办公室及教师办公室等。

生活辅助部分：包括交通系统、厕所、饮水处及贮藏室等。

1）普通教室的设计

（1）要求

普通教室要求大小合适、视听良好、采光均匀、空气流通、结构简单和施工方便等。

（2）教室面积的确定

普通教室的面积取决于教室容纳的人数、课桌椅的尺寸与排列方式，以及采光、通风、结构、设备及施工等因素。按教育部规定，小学每班学生名额近期为 45 人，远期为 40 人，每人使用面积为 1.04 $m^2$；中学每班学生名额近期为 50 人，远期为 45 人，每人使用面积为 1.08 $m^2$。

① 课桌椅的尺寸：要与学生的身高和人体各部分的尺寸相适应，如表 6-1 所示。

表 6-1　课桌椅尺寸(单位:mm)

| 适用学生身高 | | | 1650 以上 | 1500～1650 | 1350～1500 | 1200～1350 | 不足 1200 | 备注 |
|---|---|---|---|---|---|---|---|---|
| 课桌 | 桌高 A | | 760 | 700 | 640 | 580 | 520 | |
| | 桌下空区高 B | | 600 | 550 | 500 | 450 | 400 | |
| | 桌面前后宽 C | | 420～450 | | | 400～420 | | |
| | 桌面左右长 D | 单人 | 550～600 | | | 500～550 | | |
| | | 双人 | 1100～1200 | | | 1000～1100 | | |

续表

| 适用学生身高 | | 1650 以上 | 1500～1650 | 1350～1500 | 1200～1350 | 不足 1200 | 备注 |
|---|---|---|---|---|---|---|---|
| 课椅 | 椅高 $a$ | 430 | 395 | 360 | 325 | 290 | |
| | 椅面深度 $b$ | 380 | 360 | 340 | 320 | 290 | |
| | 椅面宽度 $c$ | 360 | 340 | 320 | 290 | 270 | |

② 课桌椅的布置：要满足学生视听及书写要求，并便于通行、就座和教师辅导。

a. 视距要求：第一排前缘距黑板面不小于 2000 mm；最后一排距黑板距离：小学不超过 8000 mm，中学不超过 8500 mm；最后一排到后墙面距离大于 600 mm。

b. 视角要求：水平视角（即前排边座到黑板远端的夹角）应大于 30°，垂直视角（即第一排学生的视线与黑板顶部构成的夹角）应大于 45°。

c. 座位的排列：每行不宜多于 2 个座位；行间距：小学为 500～550 mm，中学为 550～600 mm；排距：小学为 800～850 mm，中学为 850～900 mm；课桌距侧墙的距离为 60～120 mm。

③ 教室的平面形状与尺寸：平面形状通常为矩形或正方形，此外还有多边形及扇形等。

a. 矩形教室：当前国内大量采用的形式。其平面轴线尺寸，小学可采用 8100 mm×6600 mm、8100 mm×6300 mm、9000 mm×6000 mm 等几种，中学可采用 9000 mm×6900 mm、9000 mm×6600 mm、9000 mm×6300 mm。

b. 正方形教室：教室的进深与开间基本相同，平面尺寸（轴线）可采用 7200 mm×7200 mm、7500 mm×7500 mm、7800 mm×7800 mm 及 7500 mm×7800 mm 等。该形式教室的有效面积系数较矩形教室低，且不宜用于内廊式组合。

c. 多边形教室：有五边形、六边形等，这种形式在采光、通风和座位排列上有其优越性，但经济性较上述两种形式要差一些。

④ 教室的层高：取决于空气容量、采光均匀度、房间的比例及经济等因素。首先，一般来说，3.6～3.9 m 的层高才能满足空气容量的要求；其次，从房间的比例和空间的视觉效果看，以层高为房间跨度的 1/2～2/3 为好；最后，还必须考虑经济因素，不适当地增加层高，就会增加造价，应予避免。

（3）教室门窗设计

① 教室门的设计：门主要用作交通疏散，并兼通风用。一般在教室前后各设一门，门洞宽 1000 mm。在平面组合中，若设两个门有困难，也可只设一个门，但其宽度应为 1200～1500 mm。门洞高一般为 2400～2700 mm，门内开，以免影响走道中行人的通行。

② 教室窗的设计：窗的位置及尺寸大小，主要受采光标准、层高及结构的制约，窗的高度还应符合模数要求，具体如下。

a. 窗地比大于 1/6。一般窗宽为 1500～2100 mm，窗高为 2100～2700 mm，窗玻璃以平板透明玻璃为宜。

b. 光线必须由学生左侧射入室内，各座位的亮度要均匀，窗上口要尽可能接近天棚，窗下口距地面（即窗台高）800～900 mm。窗间墙宽度在满足结构要求的前提下，应尽量缩小。

（4）教室的内部设施

教室的内部设施包括黑板、讲台、清洁柜、窗帘杆、挂镜线、电源插座、挂衣钩、广播箱等。这些设施的设置要利于使用、整齐美观、容易清洁。

① 黑板：教室内的主要固定设备，要易于书写擦拭，不发出噪声，不产生眩光。黑板高度不应小于 1000 mm，宽度：小学不宜小于 3600 mm，中学不宜小于 4000 mm。黑板下缘到讲台面距离：小学宜为 800～900 mm，中学宜为 1000～1100 mm。黑板表面应采用耐磨和无光泽的材料。

② 讲台：有木制讲台和钢筋混凝土讲台。高度一般为 200 mm，宽度不应小于 650 mm，长度等于黑

板长度加上两端各延长 200～250 mm。

（5）教室的结构布置

教室的结构布置有三种方式,即纵横墙承重、纵墙承重与横墙承重。矩形教室,常用纵横墙承重和纵墙承重两种方式。正方形教室,可用横墙承重或纵横墙承重。

（6）教室的室内装修

教室的室内粉刷宜采用淡而明快的色彩,地面使用水泥或地砖,课桌椅表面的颜色以明快的浅色调为宜,材料应便于清洁。

2）特殊教室设计

（1）实验室

实验室主要有物理、化学、生物实验室,小学还有自然教室等。根据使用情况,有综合实验室(理、化、生合用,适于初中和小学自然教室)和多功能实验室(边讲边试实验室、分组实验室和演示实验室)。实验室平面尺寸的大小,主要取决于实验室的使用人数,家具的形状、尺寸和布置方式,以及设备的要求。人数以班为单位计算,家具中的演示桌和实验桌是影响实验室大小的主要设备。根据我国情况,实验室大小以 75～85 m² 为宜,平面轴线尺寸(宽×长)可采用 6600 mm×12 000 mm、7500 mm×10 800 mm、7500 mm×11 700 mm、8700 mm×9900 mm 几种,层高与教室相同。每个实验室均要设一间准备室,作为实验准备、存放仪器、药品和标本用,一般面积在 45 m² 左右。准备室要紧靠实验室,并设门与之相通,以利使用。其中化学实验室宜设置在底层,同时宜设于北向,如设南向,应采取遮阳措施。

（2）音乐教室

音乐教室的大小和形状与普通教室的相同。若考虑兼作文娱排练和其他用途时,面积可适当增大。音乐课对其他教室干扰大,设计时可将它作为独立的部分放在尽端,或放在教学楼尽端的底层或顶层,或在教学楼外单独建造。音乐教室一般附有乐器室,两者紧密相连,并设门相通。

（3）舞蹈教室

舞蹈教室的面积按 4～6 m²/生考虑,在墙面应设高 1800～2000 mm 的通长照身镜,其他墙面均安装练功扶杆,距地面 800～900 mm,距墙面 400 mm,窗台高度可为 1800 mm,地面材料宜为弹性的木地板。入口处设置男女更衣室。

（4）语言教室

语言教室又称为语言实验室,供语言课教学专用。每座平均使用面积为 1.60～1.80 m²,语言教室一般包括语言教室、控制室、编辑及复制室、录音室、准备室及维修室等房间。语言教室应设在教学楼中比较安静,并便于管理和使用的地方,要有良好的采光、通风和隔音条件。

语言教室座位的布置应便于学生入座和离座,最好为双人连桌,两侧为通道。为了避免互相干扰,每个座位需设挡板隔开,前方安装玻璃,以便观看教师讲课。

语言教室设有控制台,控制台可设在教室的讲台上,或设在独立的控制室内。当设在独立的控制室内时,教室与控制室之间应设观察窗,且满足教师视线看到教室每个座位的要求。

录音室是语言教室中的重要设施,可以放在控制室内或准备室一旁,面积以 6～10 m² 为宜,若仅供 1～2 人使用,则 3～5 m² 即可。

准备室供进行编辑器材维修和课前准备之用,面积一般为 6～10 m²。

此外,语言教室的地面应设置暗装电缆槽。

（5）计算机教室

计算机教室的座位应垂直于采光窗布置。计算机教室还包括教师准备室和换鞋处等辅助用房。应保证室内有良好的温湿度和良好的防尘设施,电线应方便使用,室内墙面及顶棚宜采用不积灰尘的吸声材料,地面可采用水磨石、地面砖等材料。

（6）美术教室

美术教室的面积与实验室的相当，每生约占 1.5 m²。上课应分组，每组 10 人为宜。美术教室要求具有较高的室内照度，稳定的自然光线，主采光为北光或北顶光，以取得柔和、均匀、充足的光照。

（7）合班教室

合班教室供放映幻灯、科教电影、实验演示、观摩教学、作学术报告和合班上课用。合班教室宜设放映室兼电教器材的贮存修理等附属用房与教室紧密相连，并设门相通。小学的合班教室地面不宜起坡，以兼作文体室使用，使用面积可按每座 1～1.1 m² 计算，教室的规模一般以容纳一个年级为宜；中学合班教室可设计成阶梯教室，使用面积按每座 1 m² 计算。放映室面积一般为 40 m² 左右，其位置可设于教室前部，也可设于教室后部。前者称为前放式，后者称为后放式。

当做成阶梯教室时，桌椅宜采用固定的翻板椅，地坪的升高和桌椅的排列要考虑视线及视角要求。从视线考虑，前排到黑板距离应不小于 2500 mm，后排距黑板不宜大于 18 000 mm。排距一般为 850 mm，走道宽不小于 800 mm。为了保证每排座位不被前排遮挡，阶梯梯级的高度宜为 120 mm，前后排座位宜错位布置。

合班教室在视角要求上与普通教室一样。在采光、照明方面，也与普通教室的相同，但当教室宽度大于 7200 mm 时，应采用双面采光。

合班教室走道通道应能保证两股人流通过，最小应为 1100 mm；100 座以下的小型合班教室，走道宽度可减少到 800 mm。疏散门的数量不少于 2 个，门洞宽度不小于 1500 mm。室内净高与教室面积有直接关系，200 座以下的小型合班教室净高为 4000 mm 左右，200～300 座之间为 4000～5000 mm，300 座以上的为 5000～5700 mm。

（8）图书阅览室

图书阅览室一般包括阅览室、书库和管理室三部分，面积大小视需要定，位置应设在师生便于使用而又比较安静之处，远离噪声源，应临近教学楼或设在教学楼内，集中于一层或一个体部，形成一个独立的区域。阅览室要有良好的采光和通风，并便于疏散。书库内要比较干燥，通风良好，防火安全。书库与阅览室应紧密相连，有门相通，管理室亦可与书库合并。阅览室视学校规模大小，可以师生分别独立设置或合并一起设置。

3）行政及生活用房的设计

（1）办公室

办公室包括以下几种。

① 党政办公室：包括党支部、校长、教务、总务等办公室，档案室，文印室，会议室，保健室，广播室及总务仓库等。

② 教学办公室：包括各学科教师办公室、体育办公室及器材室等，应与教室方便联系。教师课间休息室最好设在教学楼的中间部位或两端，每层安排 1～2 间。

③ 社团办公室：包括工会、团、队及学生办公室等。

④ 办公室要有良好的采光和通风。办公室的数量按学校规模和实际需要定，一般教师人数按小学 0.5 人/每班、中学 1 人/每班配备，每座使用面积为 3.5 m²。办公室层高可比教室低，一般为 3000～3600 mm。

（2）厕所及饮水处

厕所及饮水处在设计时应注意以下几点。

① 学生使用厕所多集中在课间休息时，因此必须有足够的数量，一般中小学人数可按男女生各为一半计算。

a. 男厕：小学 40 人使用 1 个大便器（或 1.0 m 长大便槽），2 个小便器（或 1.0 m 长小便槽）；中学 50 人使用 1 个大便器（或 1.1 m 长大便槽），2 个小便器（或 1 m 长的小便槽）。

b. 女厕:小学 20 人使用一个大便器(或 1.0 m 长大便槽),中学 25 人使用一个大便器(或 1.1 m 长大便槽)。

② 厕所的位置应较为隐蔽,并便于使用,宜设前室,通风要良好,多设于教学楼端部、转弯处。教工厕所应设小间与学生分开,可以靠近学生厕所设置,也可在教室办公室附近单独设置。厕所内或外应设取水龙头、水槽和污水池,供学生洗手和搞卫生时用水。厕所地坪标高一般应比同层地面低 50~60 mm,并应设地漏。

③ 教学楼内应分层设饮水处。宜按每 50 人设一个饮水器,饮水处不应占用走道的宽度。

**4)交通系统设计**

(1)门厅

门厅是教学楼组织分配人流的交通枢纽,也是用来布置布告栏、宣传栏、壁报和供学生活动的地方,设计时必须注意以下几点。

① 门厅与学校主要出入口及室外活动场地联系要便捷。

② 门厅内部空间要完整,采光和通风良好,要有足够面积满足安全疏散及休息停留用。

③ 门厅入口处一般要设门廊或雨篷。寒冷地区要设双道门构成门斗,门斗的深度不宜小于 2100 mm。

(2)楼梯

楼梯是上、下楼层联系的通道,位置要明显,疏散要方便,宽度和数量要满足疏散和防火要求。

根据防火要求,两楼梯之间的房间,房门至最近楼梯间的最大距离 $L_1 \leqslant 35$ m;袋形走道两侧或尽端的房间,最远房门到楼梯口的距离 $L_2 \leqslant 22$ m(图 6-2)。楼梯宽度可按疏散外门、楼梯和走道的宽度指标表(表 6-2)确定。

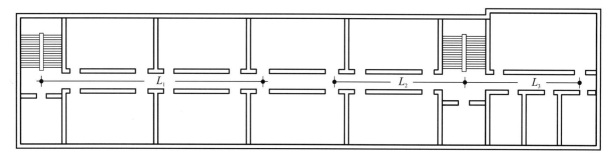

图 6-2　安全疏散距离

表 6-2　疏散外门、楼梯和走道的宽度指标表(单位:m/百人)

| 耐火等级 | | 一、二级 | 三级 | 四级 | 备注 |
|---|---|---|---|---|---|
| 层数 | 一、二层 | 0.63 | 0.80 | 1.00 | 底层外门和每层楼梯的总宽度按该层或该层以上人数最多的一层计算 |
| | 三层 | 0.80 | 1.00 | — | |
| | >三层 | 1.00 | 1.25 | — | |

中小学教学楼的楼梯踏步尺寸,一般采用踏步高为 140~160 mm,踏步宽度为 280~310 mm,楼梯扶手高 900~1000 mm。楼梯梯井的宽度不应大于 200 mm,当超过时,应采取安全措施。

(3)走道

一般教学楼走道的宽度,内廊为 2400~3000 mm,外廊为 1800~2100 mm;办公室走道为 1500~1800 mm。

内走道要有良好的采光和通风,除两端开窗直接采光外,还可以通过两侧墙上开高窗和两侧房间门上的窗子间接采光。

外廊栏杆高度不应低于 1100 mm，栏杆花饰宜用垂直线条，空隙不大于 110 mm，以免发生事故。

外廊易飘进雨水，地面应低于室内或坡向外，做有组织排水。

## 4. 教学楼的组合设计

组合设计就是将各个不同功能的房间组合在一起，通过三维空间的设计，从平面、立面、剖面以及体型等各个方面，综合反映功能、技术与艺术的要求。

1）组合设计的基本原则

① 结合地形，因地制宜。

② 各部分功能分区明确、合理，既要方便联系，又要避免相互干扰。

③ 建筑空间布置紧凑，各个部分组合得当。

④ 交通联系要便捷。

⑤ 结构合理，施工方便。

⑥ 设备管线要尽量集中。

2）教学楼部分的组合要求

① 将使用功能一致，且开间、进深模数基本一致的用房组合在一起，从而形成普通教室组、专用教室组、办公用房组等。

② 根据学校规模，将使用功能基本一致的房间组（如学校的普通教室房间组等），结合学校用地具体条件，进行教学楼的组合。在组合时应考虑交通流线关系、功能联系关系、同类型房间在物理环境上的一致性等。

③ 普通教室组的组合。由于规模的不同，组合上有较大的差异性，规模大可以组成若干体部（或单元），这种情况可按低、中、高年级分栋；当规模较小时，仅为一个体部时，则采取高年级在上层、低年级在底层的布置方式。

④ 专用教室的组合。一般各种专用教室进深较大，房间的净面积也较大，在管理上有其特殊要求，平面组合应保持一独立房间组（构成一个体部或独立的一栋建筑）。

⑤ 办公用房的组合。教学办公及行政办公在一独立体部或独立建筑时，可分层布置；必要时也可分设，在这种情况下，除一部分公用办公室集中布置在办公楼内（或办公区内），其他若干班主任办公室亦可分散到教室区内，以便同学生接触。

3）教学楼的组合方式

教学楼的组合方式有多种，形式也各异。归纳起来，主要有以下几种方式。

（1）走廊式组合

走廊式组合有内廊、外廊和内外廊结合等几种，是应用最广的形式。

① 内廊组合，指沿走廊的两侧排列一组或两组教室，并在端部安排为本组教室服务的卫生间、楼梯间或办公室等，组成综合的空间单元。

特点：教室集中，面积比较紧凑，内部交通线较短，房间的进深较大，外墙较少，但内廊的使用时间集中，人流拥挤，教室间干扰大，一部分教室朝向较差，为单面采光，采光条件较差。

② 外廊组合，指沿走廊一侧排列教室、卫生间、办公室及楼梯间等房间，组成外廊单元。

特点：采光、通风条件较好，外廊视野开阔，与庭院空间联系紧密，教室之间的相互干扰也比内廊的小。

（2）单元式组合

① 单元式组合为一个年级的教室集中在一个组合体内，亦可设置本组合体所需的卫生间及教师办公室等。

② 为满足防火规范的要求,在设计上可将几个单元以联廊连接起来,或通过屋顶相通,形成任何一间教室均有两个通路疏散。

③ 单元式组合形式根据需要组成的教室数量不同,可有多种组合形式,但需满足教室对南向采光的要求。

④ 单元式组合形式适应地形的能力较强,尤其对于不甚规整或地势起伏较大的校园更为有力。

⑤ 单元式组合形式可使每个教学单元有相对的独立性,以保证安静的教学环境,也便于组织和开展同年级的教学活动。

⑥ 单元式组合形式有利于组织变化多样的室外空间,易于创造良好的学习活动场所及相互交往的环境。

（3）厅式组合

厅式组合是以设于中部的通高大厅连接周边各层教学用房的一种组合形式。各层教学用房通过设于厅内周边的走廊相联系,形成环状组合。中部大厅形成学生课间休息、交往、游戏的场所,多适用于中学。当大厅顶部设置采光顶时,适用于严寒、多风沙的地区;当大厅顶部开敞时,适用于南方地区。厅式组合的缺点是工程费用较高,声音易造成相互干扰。

### 5. 教学楼的体型、立面及细部设计

#### 1）教学楼的体型、立面设计

中小学建筑的体型及立面设计要反映学校的性格与特征,通过成组的教室、明快的窗户、开敞通透的出入口以及明亮的色彩,给人以开朗、活泼、亲切和愉快的感觉,蕴含健康向上、努力拼搏、积极向上的精神实质。

其中教学楼是主要的使用空间,应布置在主要部分。办公室及辅助用房宜放在次要部位。通过体量、线形、虚实、凹凸、光影与色彩的对比,突出主要部分。另外,还必须使各部分相互呼应,协调统一,从而达到整体完美、形象生动的艺术效果。

#### 2）教学楼的细部设计

教学楼的细部设计的重点是入口,处理得好,可以打破立面设计上过分统一而形成的单调感。因此在入口处多做特殊处理,如挑出的雨篷或门廊、通透的隔断、花墙、独特的花台,再加上丰富多变的材料、质地、色彩,从而达到统一多变、突出重点的效果。

其他还有门窗、柱子、檐口、遮阳、栏杆及装饰线条等,除了满足使用功能的要求外,在比例尺度、形式、色彩方面都应仔细考虑。

总之,教学楼的细部设计要结合结构构造及使用要求,力求简洁、轻快,注意整体效果,切忌繁琐和附加一些不必要的装饰。

# 6.2 设计规范:《中小学校设计规范》(GB 50099—2011)

## 1 总 则

1.0.1 为使中小学校建设满足国家规定的办学标准,适应建筑安全、适用、经济、绿色、美观的需要,制定本规范。

1.0.2 本规范适用于城镇和农村中小学校(含非完全小学)的新建、改建和扩建项目的规划和工程

设计。

1.0.3　中小学校设计应遵守下列原则：

1　满足教学功能要求；

2　有益于学生身心健康成长；

3　校园本质安全,师生在学校内全过程安全。校园具备国家规定的防灾避难能力；

4　坚持以人为本、精心设计、科技创新和可持续发展的目标,满足保护环境、节地、节能、节水、节材的基本方针；并应满足有利于节约建设投资,降低运行成本的原则。

1.0.4　中小学校的设计除应符合本规范的规定外,尚应符合国家现行有关标准的规定。

## 2　术　　语

2.0.1　完全小学 elementary school

对儿童、少年实施初等教育的场所,共有 6 个年级,属义务教育。

2.0.2　非完全小学 lower elementary school

对儿童实施初等教育基础教育阶段的场所,设 1 年级～4 年级,属义务教育。

2.0.3　初级中学 junior secondary school

对青、少年实施初级中等教育的场所,共有 3 个年级,属义务教育。

2.0.4　高级中学 senior secondary school

对青年实施高级中等教育的场所,共有 3 个年级。

2.0.5　完全中学 secondary school

对青、少年实施中等教育的场所,共有 6 个年级,含初级中学和高级中学教育的学校。其中,1 年级～3 年级属义务教育。

2.0.6　九年制学校 9 year school

对儿童、青少年连续实施初等教育和初级中等教育的学校,共有 9 个年级,其中完全小学 6 个年级,初级中学 3 个年级。属义务教育。

2.0.7　中小学校 school

泛指对青、少年实施初等教育和中等教育的学校,包括完全小学、非完全小学、初级中学、高级中学、完全中学、九年制学校等各种学校。

2.0.8　安全设计 safety design

安全设计应包括教学活动的安全保障、自然与人为灾害侵袭下的防御备灾条件、救援疏散时师生的避难条件等。

2.0.9　本质安全 intrinsic safety

本质安全是从内在赋予系统安全的属性,由于去除各种早期危险及潜在隐患,从而能保证系统与设施可靠运行。

2.0.10　避难疏散场所 disaster shelter for evacuation

用作发生意外灾害时受灾人员疏散的场地和建筑。

2.0.11　学校可比总用地 comparable floor area for school

校园中除环形跑道外的用地,与学生总人数成比例增减。

2.0.12　学校可比容积率 comparable floor area ratio for school

校园中各类建筑地上总建筑面积与学校可比总用地面积的比值。

2.0.13　风雨操场 sports ground with roof

有顶盖的体育场地,包括有顶无围护墙的场地和有顶有围护墙的场馆。

## 3　基　本　规　定

3.0.1　各类中小学校建设应确定班额人数,并应符合下列规定：

1 完全小学应为每班 45 人,非完全小学应为每班 30 人;

2 完全中学、初级中学、高级中学应为每班 50 人;

3 九年制学校中 1 年级～6 年级应与完全小学相同,7 年级～9 年级应与初级中学相同。

3.0.2 中小学校建设应为学生身心健康发育和学习创造良好环境。

3.0.3 接受残疾生源的中小学校,除应符合本规范的规定外,还应按照现行行业标准《城市道路和建筑物无障碍设计规范》JGJ 50 的有关规定设置无障碍设施。

3.0.4 校园内给水排水、电力、通信及供热等基础设施应与中小学校主体建筑同步建设,并宜先行施工。

3.0.5 中小学校设计应满足国家有关校园安全的规定,并应与校园应急策略相结合。安全设计应包括校园内防火、防灾、安防设施、通行安全、餐饮设施安全、环境安全等方面的设计。

3.0.6 由当地政府确定为避难疏散场所的学校应按国家和地方相关规定进行设计。

3.0.7 多个学校校址集中或组成学区时,各校宜合建可共用的建筑和场地。分设多个校址的学校可依教学及其他条件的需要,分散设置或在适中的校园内集中建设可共用的建筑和场地。

3.0.8 中小学校建设应符合环境保护的要求,宜按绿色校园、绿色建筑的有关要求进行设计。

3.0.9 在改建、扩建项目中宜充分利用原有的场地、设施及建筑。

3.0.10 中小学校设计应与当地气候、地理环境、社会、经济、技术的发展水平、民族习俗及传统相适应。

3.0.11 环境设计、建筑的造型及装饰设计应朴素、安全、实用。

## 4 场地和总平面

### 4.1 场 地

4.1.1 中小学校应建设在阳光充足、空气流动、场地干燥、排水通畅、地势较高的宜建地段。校内应有布置运动场地和提供设置基础市政设施的条件。

4.1.2 中小学校严禁建设在地震、地质塌裂、暗河、洪涝等自然灾害及人为风险高的地段和污染超标的地段。校园及校内建筑与污染源的距离应符合对各类污染源实施控制的国家现行有关标准的规定。

4.1.3 中小学校建设应远离殡仪馆、医院的太平间、传染病院等建筑。与易燃易爆场所间的距离应符合现行国家标准《建筑设计防火规范》GB 50016 的有关规定。

4.1.4 城镇完全小学的服务半径宜为 500 m,城镇初级中学的服务半径宜为 1000 m。

4.1.5 学校周边应有良好的交通条件,有条件时宜设置临时停车场地。学校的规划布局应与生源分布及周边交通相协调。与学校毗邻的城市主干道应设置适当的安全设施,以保障学生安全跨越。

4.1.6 学校教学区的声环境质量应符合现行国家标准《民用建筑隔声设计规范》GB 50118 的有关规定。学校主要教学用房设置窗户的外墙与铁路路轨的距离不应小于 300 m,与高速路、地上轨道交通线或城市主干道的距离不应小于 80 m。当距离不足时,应采取有效的隔声措施。

4.1.7 学校周界外 25 m 范围内已有邻里建筑处的噪声级不应超过现行国家标准《民用建筑隔声设计规范》GB 50118 有关规定的限值。

4.1.8 高压电线、长输天然气管道、输油管道严禁穿越或跨越学校校园;当在学校周边敷设时,安全防护距离及防护措施应符合相关规定。

### 4.2 用 地

4.2.1 中小学校用地应包括建筑用地、体育用地、绿化用地、道路及广场、停车场用地。有条件时宜预留发展用地。

4.2.2 中小学校的规划设计应合理布局,合理确定容积率,合理利用地下空间,节约用地。

4.2.3 中小学校的规划设计应提高土地利用率,宜以学校可比容积率判断并提高土地利用效率。

4.2.4 中小学校建筑用地应包括以下内容:

1 教学及教学辅助用房、行政办公和生活服务用房等全部建筑的用地;有住宿生学校的建筑用地应包括宿舍的用地;建筑用地应计算至台阶、坡道及散水外缘;

2 自行车库及机动车停车库用地;

3 设备与设施用房的用地。

4.2.5 中小学校的体育用地应包括体操项目及武术项目用地、田径项目用地、球类用地和场地间的专用甬路等。设 400 m 环形跑道时,宜设 8 条直跑道。

4.2.6 中小学校的绿化用地宜包括集中绿地、零星绿地、水面和供教学实践的种植园及小动物饲养园。

1 中小学校应设置集中绿地。集中绿地的宽度不应小于 8 m。

2 集中绿地、零星绿地、水面、种植园、小动物饲养园的用地应按各自的外缘围合的面积计算。

3 各种绿地内的步行甬路应计入绿化用地。

4 铺栽植被达标的绿地停车场用地应计入绿化用地。

5 未铺栽植被或铺栽植被不达标的体育场地不宜计入绿化用地。

6 绿地的日照及种植环境宜结合教学、植物多样化等要求综合布置。

4.2.7 中小学校校园内的道路及广场、停车场用地应包括消防车道、机动车道、步行道、无顶盖且无植被或植被不达标的广场及地上停车场。用地面积计量范围应界定至路面或广场、停车场的外缘。校门外的缓冲场地在学校用地红线以内的面积应计量为学校的道路及广场、停车场用地。

## 4.3 总 平 面

4.3.1 中小学校的总平面设计应包括总平面布置、竖向设计及管网综合设计。总平面布置应包括建筑布置、体育场地布置、绿地布置、道路及广场、停车场布置等。

4.3.2 各类小学的主要教学用房不应设在四层以上,各类中学的主要教学用房不应设在五层以上。

4.3.3 普通教室冬至日满窗日照不应少于 2 h。

4.3.4 中小学校至少应有 1 间科学教室或生物实验室的室内能在冬季获得直射阳光。

4.3.5 中小学校的总平面设计应根据学校所在地的冬夏主导风向合理布置建筑物及构筑物,有效组织校园气流,实现低能耗通风换气。

4.3.6 中小学校体育用地的设置应符合下列规定:

1 各类运动场地应平整,在其周边的同一高程上应有相应的安全防护空间。

2 室外田径场及足球、篮球、排球等各种球类场地的长轴宜南北向布置。长轴南偏东宜小于 20°,南偏西宜小于 10°。

3 相邻布置的各体育场地间应预留安全分隔设施的安装条件。

4 中小学校设置的室外田径场、足球场应进行排水设计。室外体育场地应排水通畅。

5 中小学校体育场地应采用满足主要运动项目对地面要求的材料及构造做法。

6 气候适宜地区的中小学校宜在体育场地周边的适当位置设置洗手池、洗脚池等附属设施。

4.3.7 各类教室的外窗与相对的教学用房或室外运动场地边缘间的距离不应小于 25 m。

4.3.8 中小学校的广场、操场等室外场地应设置供水、供电、广播、通信等设施的接口。

4.3.9 中小学校应在校园的显要位置设置国旗升旗场地。

# 5 教学用房及教学辅助用房

## 5.1 一般规定

5.1.1 中小学校的教学及教学辅助用房应包括普通教室、专用教室、公共教学用房及其各自的辅助用房。

5.1.2 中小学校专用教室应包括下列用房:

1 小学的专用教室应包括科学教室、计算机教室、语言教室、美术教室、书法教室、音乐教室、舞蹈教

室、体育建筑设施及劳动教室等,宜设置史地教室;

2 中学的专用教室应包括实验室、史地教室、计算机教室、语言教室、美术教室、书法教室、音乐教室、舞蹈教室、体育建筑设施及技术教室等。

5.1.3 中小学校的公共教学用房应包括合班教室、图书室、学生活动室、体质测试室、心理咨询室、德育展览室等及任课教师办公室。

5.1.4 中小学校的普通教室与专用教室、公共教学用房间应联系方便。教师休息室宜与普通教室同层设置。各专用教室宜与其教学辅助用房成组布置。教研组教师办公室宜设在其专用教室附近或与其专用教室成组布置。

5.1.5 中小学校的教学用房及教学辅助用房应设置的给水排水、供配电及智能化等设施除符合本章规定外,还应符合本规范第10章的规定。

5.1.6 中小学校的教学用房及教学辅助用房宜多学科共用。

5.1.7 中小学校教学用房及教学辅助用房中,隔墙的设置及水、暖、气、电、通信等各种设施的管网布线宜适应教学空间调整的需求。

5.1.8 各教室前端侧窗窗端墙的长度不应小于1.00 m。窗间墙宽度不应大于1.20 m。

5.1.9 教学用房的窗应符合下列规定:

1 教学用房中,窗的采光应符合现行国家标准《建筑采光设计标准》(GB/T 50033)的有关规定,并应符合本规范第9.2节的规定;

2 教学用房及教学辅助用房的窗玻璃应满足教学要求,不得采用彩色玻璃;

3 教学用房及教学辅助用房中,外窗的可开启窗扇面积应符合本规范第9.1节及第10.1节通风换气的规定;

4 教学用房及教学辅助用房的外窗在采光、保温、隔热、散热和遮阳等方面的要求应符合国家现行有关建筑节能标准的规定。

5.1.10 炎热地区的教学用房及教学辅助用房中,可在内外墙设置可开闭的通风窗。通风窗下沿宜设在距室内楼地面以上0.10～0.15 m高度处。

5.1.11 教学用房的门应符合下列规定:

1 除音乐教室外,各类教室的门均宜设置上亮窗;

2 除心理咨询室外,教学用房的门扇均宜附设观察窗。

5.1.12 教学用房的地面应有防潮处理。在严寒地区、寒冷地区及夏热冬冷地区,教学用房的地面应设保温措施。

5.1.13 教学用房的楼层间及隔墙应进行隔声处理;走道的顶棚宜进行吸声处理。隔声、吸声的要求应符合现行国家标准《民用建筑隔声设计规范》GB 50118的有关规定。

5.1.14 教学用房及学生公共活动区的墙面宜设置墙裙,墙裙高度应符合下列规定:

1 各类小学的墙裙高度不宜低于1.20 m;

2 各类中学的墙裙高度不宜低于1.40 m;

3 舞蹈教室、风雨操场墙裙高度不应低于2.10 m。

5.1.15 教学用房内设置黑板或书写白板及讲台时,其材质及构造应符合下列规定:

1. 黑板的宽度应符合下列规定:

1)小学不宜小于3.60 m;

2)中学不宜小于4.00 m。

2. 黑板的高度不应小于1.00 m;

3. 黑板下边缘与讲台面的垂直距离应符合下列规定:

1)小学宜为0.80～0.90 m;

2)中学宜为1.00～1.10 m。

4. 黑板表面应采用耐磨且光泽度低的材料;

5. 讲台长度应大于黑板长度,宽度不应小于 0.80 m,高度宜为 0.20 m。其两端边缘与黑板两端边缘的水平距离分别不应小于 0.40 m。

5.1.16 主要教学用房应配置的教学基本设备及设施应符合表 5.1.16 的规定。

表 5.1.16　主要教学用房的教学基本设备及设施

| 房间名称 | 黑板 | 书写白板 | 讲台 | 投影仪接口 | 投影屏幕 | 显示屏 | 展示园地 | 挂镜线 | 广播音箱 | 储物柜 | 教具柜 | 清洁柜 | 通信外网接口 |
|---|---|---|---|---|---|---|---|---|---|---|---|---|---|
| 普通教室 | ● | — | ● | ● | ● | — | ● | — | ● | ● | ○ | ◎ | ○ |
| 科学教室 | ● | — | ● | ● | ● | — | ● | — | — | ● | — | ◎ | — |
| 化学、物理实验室 | ● | — | ● | ◎ | ◎ | — | — | — | — | ● | — | ◎ | — |
| 解剖实验室 | ● | — | ● | ● | ● | — | ◎ | ◎ | ● | — | ◎ | ◎ | — |
| 显微镜观察实验室 | — | ● | ● | ◎ | ◎ | — | ◎ | ◎ | ● | — | ◎ | — | — |
| 综合实验室 | ● | — | ● | ◎ | ◎ | — | — | — | ● | — | — | — | — |
| 演示实验室 | ● | — | ● | ● | ● | ◎ | — | — | ● | — | — | — | — |
| 史地教室 | ● | — | ● | ● | ● | — | ◎ | ● | ● | — | ◎ | — | — |
| 计算机教室 | — | ● | ● | ● | ● | — | — | — | ● | — | — | — | ◎ |
| 语言教室 | ● | — | ● | ● | ● | — | — | — | ● | — | — | — | ◎ |
| 美术教室 | — | ● | ● | ● | ● | — | ◎ | ● | ● | ○ | ● | — | — |
| 书法教室 | ● | — | ● | ● | ● | — | ◎ | ● | ● | ○ | ○ | ◎ | — |
| 现代艺术课教室 | — | ● | ● | ● | ● | — | — | — | ● | — | — | — | — |
| 音乐教室 | ● | — | ● | ● | ● | — | — | ◎ | ● | — | ○ | — | ○ |
| 舞蹈教室 | — | — | — | — | — | — | — | ○ | ● | ◎ | — | — | — |
| 风雨操场 | — | — | — | — | — | — | — | — | ● | — | — | — | — |
| 合班教室(容 2 个班) | ● | — | ● | ● | ● | ● | ● | — | ● | — | — | — | ◎ |
| 阶梯教室 | ● | ◎ | ● | ● | ● | ● | ◎ | ◎ | ● | — | — | — | ◎ |
| 阅览室 | — | — | — | ● | ● | — | ◎ | ◎ | ● | — | — | — | ◎ |
| 视听阅览室 | — | ● | — | — | ● | — | ◎ | ◎ | ● | — | — | — | ◎ |
| 体质测试室 | — | — | — | — | — | — | ○ | ◎ | ● | ◎ | — | — | ○ |
| 心理咨询室 | — | — | — | — | — | — | ◎ | ◎ | ● | — | ● | — | ○ |
| 德育展览室 | — | — | — | — | — | — | ● | ● | ● | — | — | — | — |
| 教师办公室 | — | — | — | — | — | — | — | ◎ | ● | ◎ | — | ◎ | ◎ |

注:●为应设置,◎为宜设置,○为可设置,—为可不设置。

5.1.17 安装视听教学设备的教室应设置转暗设施。

## 5.2　普通教室

5.2.1 普通教室内单人课桌的平面尺寸应为 0.60 m×0.40 m。

5.2.2 普通教室内的课桌椅布置应符合下列规定:

1 中小学校普通教室课桌椅的排距不宜小于 0.90 m,独立的非完全小学可为 0.85 m;

2 最前排课桌的前沿与前方黑板的水平距离不宜小于 2.20 m;

3 最后排课桌的后沿与前方黑板的水平距离应符合下列规定：

1）小学不宜大于 8.00 m；

2）中学不宜大于 9.00 m；

4 教室最后排座椅之后应设横向疏散走道；自最后排课桌后沿至后墙面或固定家具的净距不应小于 1.10 m；

5 中小学校普通教室内纵向走道宽度不应小于 0.60 m，独立的非完全小学可为 0.55 m；

6 沿墙布置的课桌端部与墙面或壁柱、管道等墙面突出物的净距不宜小于 0.15 m；

7 前排边座座椅与黑板远端的水平视角不应小于 30°。

5.2.3 普通教室内应为每个学生设置一个专用的小型储物柜。

### 5.3 科学教室、实验室

5.3.1 科学教室和实验室均应附设仪器室、实验员室、准备室。

5.3.2 科学教室和实验室的桌椅类型和排列布置应根据实验内容及教学模式确定，并应符合下列规定：

1 实验桌平面尺寸应符合表 5.3.2 的规定；

表 5.3.2 实验桌平面尺寸

| 类　　别 | 长度/m | 宽度/m |
|---|---|---|
| 双人单侧实验桌 | 1.20 | 0.60 |
| 四人双侧实验桌 | 1.50 | 0.90 |
| 岛式实验桌（6 人） | 1.80 | 1.25 |
| 气垫导轨实验桌 | 1.50 | 0.60 |
| 教师演示桌 | 2.40 | 0.70 |

2 实验桌的布置应符合下列规定：

1）双人单侧操作时，两实验桌长边之间的净距不应小于 0.60 m；四人双侧操作时，两实验桌长边之间的净距不应小于 1.30 m；超过四人双侧操作时，两实验桌长边之间的净距不应小于 1.50 m；

2）最前排实验桌的前沿与前方黑板的水平距离不宜小于 2.50 m；

3）最后排实验桌的后沿与前方黑板之间的水平距离不宜大于 11.00 m；

4）最后排座椅之后应设横向疏散走道；自最后排实验桌后沿至后墙面或固定家具的净距不应小于 1.20 m；

5）双人单侧操作时，中间纵向走道的宽度不应小于 0.70 m；四人或多于四人双向操作时，中间纵向走道的宽度不应小于 0.90 m；

6）沿墙布置的实验桌端部与墙面或壁柱、管道等墙面突出物间宜留出疏散走道，净宽不宜小于 0.60 m；另一侧有纵向走道的实验桌端部与墙面或壁柱、管道等墙面突出物间可不留走道，但净距不宜小于 0.15 m；

7）前排边座座椅与黑板远端的最小水平视角不应小于 30°。

#### Ⅰ 科学教室

5.3.3 除符合本规范第 5.3.1 条规定外，科学教室并宜在附近附设植物培养室，在校园下风方向附设种植园及小动物饲养园。

5.3.4 冬季获得直射阳光的科学教室应在阳光直射的位置设置摆放盆栽植物的设施。

5.3.5 科学教室内实验桌椅的布置可采用双人单侧的实验桌平行于黑板布置，或采用多人双侧实验桌成组布置。

5.3.6　科学教室内应设置密闭地漏。

Ⅱ　化学实验室

5.3.7　化学实验室宜设在建筑物首层。除符合本规范第 5.3.1 条规定外,化学实验室并应附设药品室。化学实验室、化学药品室的朝向不宜朝西或西南。

5.3.8　每一化学实验桌的端部应设洗涤池;岛式实验桌可在桌面中间设通长洗涤槽。每一间化学实验室内应至少设置一个急救冲洗水嘴,急救冲洗水嘴的工作压力不得大于 0.01 MPa。

5.3.9　化学实验室的外墙至少应设置 2 个机械排风扇,排风扇下沿应在距楼地面以上 0.10～0.15 m 高度处。在排风扇的室内一侧应设置保护罩,采暖地区应为保温的保护罩。在排风扇的室外一侧应设置挡风罩。实验桌应有通风排气装置,排风口宜设在桌面以上。药品室的药品柜内应设通风装置。

5.3.10　化学实验室、药品室、准备室宜采用易冲洗、耐酸碱、耐腐蚀的楼地面做法,并装设密闭地漏。

Ⅲ　物理实验室

5.3.11　当学校配置 2 个及以上物理实验室时,其中 1 个应为力学实验室。光学、热学、声学、电学等实验可共用同一实验室,并应配置各实验所需的设备和设施。

5.3.12　力学实验室需设置气垫导轨实验桌,在实验桌一端应设置气泵电源插座;另一端与相邻桌椅、墙壁或橱柜的间距不应小于 0.90 m。

5.3.13　光学实验室的门窗宜设遮光措施。内墙面宜采用深色。实验桌上宜设置局部照明。特色教学需要时可附设暗室。

5.3.14　热学实验室应在每一实验桌旁设置给水排水装置,并设置热源。

5.3.15　电学实验室应在每一个实验桌上设置一组包括不同电压的电源插座,插座上每一电源宜设分开关,电源的总控制开关应设在教师演示桌处。

5.3.16　物理实验员室宜具有设置钳台等小型机修装备的条件。

Ⅳ　生物实验室

5.3.17　除符合本规范第 5.3.1 条规定外,生物实验室还应附设药品室、标本陈列室、标本储藏室,宜附设模型室,并宜在附近附设植物培养室,在校园下风方向附设种植园及小动物饲养园。标本陈列室与标本储藏室宜合并设置,实验员室、仪器室、模型室可合并设置。

5.3.18　当学校有 2 个生物实验室时,生物显微镜观察实验室和解剖实验室宜分别设置。

5.3.19　冬季获得直射阳光的生物实验室应在阳光直射的位置设置摆放盆栽植物的设施。

5.3.20　生物显微镜观察实验室内的实验桌旁宜设置显微镜储藏柜。实验桌上宜设置局部照明设施。

5.3.21　生物解剖实验室的给水排水设施可集中设置,也可在每个实验桌旁分别设置。

5.3.22　生物标本陈列室和标本储藏室应采取通风、降温、隔热、防潮、防虫、防鼠等措施,其采光窗应避免直射阳光。

5.3.23　植物培养室宜独立设置,也可以建在平屋顶上或其他能充分得到日照的地方。种植园的肥料及小动物饲养园的粪便均不得污染水源和周边环境。

Ⅴ　综合实验室

5.3.24　当中学设有跨学科的综合研习课时,宜配置综合实验室。综合实验室应附设仪器室、准备室;当化学、物理、生物实验室均在邻近布置时,综合实验室可不设仪器室、准备室。

5.3.25　综合实验室内宜沿侧墙及后墙设置固定实验桌,其上装设给水排水、通风、热源、电源插座及网络接口等设施。实验室中部宜设 100 m² 开敞空间。

Ⅵ　演示实验室

5.3.26　演示实验室宜按容纳 1 个班或 2 个班设置。

5.3.27　演示实验室课桌椅的布置应符合下列规定：

1　宜设置有书写功能的座椅,每个座椅的最小宽度宜为 0.55 m;

2　演示实验室中,桌椅排距不应小于 0.90 m;

3　演示实验室纵向走道宽度不应小于 0.70 m;

4　边演示边实验的阶梯式实验室中,阶梯的宽度不宜小于 1.35 m;

5　边演示边实验的阶梯式实验室的纵向走道应有便于仪器药品车通行的坡道,宽度不应小于 0.70 m。

5.3.28　演示实验室宜设计为阶梯教室,设计视点应定位于教师演示实验台桌面的中心,每排座位宜错位布置,隔排视线升高值宜为 0.12 m。

5.3.29　演示实验室内最后排座位之后,应设横向疏散走道,疏散走道宽度不应小于 0.60 m,净高不应小于 2.20 m。

### 5.4　史 地 教 室

5.4.1　史地教室应附设历史教学资料储藏室、地理教学资料储藏室和陈列室或陈列廊。

5.4.2　史地教室的课桌椅布置方式宜与普通教室相同。并宜在课桌旁附设存放小地球仪等教具的小柜。教室内可设标本展示柜。在地质灾害多发地区附近的学校,史地教室标本展示柜应与墙体或楼板有可靠的固定措施。

5.4.3　史地教室设置简易天象仪时,宜设置课桌局部照明设施。

5.4.4　史地教室内应配置挂镜线。

### 5.5　计 算 机 教 室

5.5.1　计算机教室应附设一间辅助用房供管理员工作及存放资料。

5.5.2　计算机教室的课桌椅布置应符合下列规定：

1　单人计算机桌平面尺寸不应小于 0.75 m×0.65 m。前后桌间距离不应小于 0.70 m;

2　学生计算机桌椅可平行于黑板排列;也可顺侧墙及后墙向黑板成半围合式排列;

3　课桌椅排距不应小于 1.35 m;

4　纵向走道净宽不应小于 0.70 m;

5　沿墙布置计算机时,桌端部与墙面或壁柱、管道等墙面突出物间的净距不宜小于 0.15 m。

5.5.3　计算机教室应设置书写白板。

5.5.4　计算机教室宜设通信外网接口,并宜配置空调设施。

5.5.5　计算机教室的室内装修应采取防潮、防静电措施,并宜采用防静电架空地板,不得采用无导出静电功能的木地板或塑料地板。当采用地板采暖系统时,楼地面需采用与之相适应的材料及构造做法。

### 5.6　语 言 教 室

5.6.1　语言教室应附设视听教学资料储藏室。

5.6.2　中小学校设置进行情景对话表演训练的语言教室时,可采用普通教室的课桌椅,也可采用有书写功能的座椅。并应设置不小于 20 m² 的表演区。

5.6.3　语言教室宜采用架空地板。不架空时,应铺设可敷设电缆槽的地面垫层。

### 5.7　美术教室、书法教室

#### Ⅰ　美 术 教 室

5.7.1　美术教室应附设教具储藏室,宜设美术作品及学生作品陈列室或展览廊。

5.7.2　中学美术教室空间宜满足一个班的学生用画架写生的要求。学生写生时的座椅为画凳时,所占面积宜为 2.15 m²/生;用画架时所占面积宜为 2.50 m²/生。

5.7.3　美术教室应有良好的北向天然采光。当采用人工照明时,应避免眩光。

5.7.4　美术教室应设置书写白板,宜设存放石膏像等教具的储藏柜。在地质灾害多发地区附近的学校,教具储藏柜应与墙体或楼板有可靠的固定措施。

5.7.5 美术教室内应配置挂镜线,挂镜线宜设高低两组。

5.7.6 美术教室的墙面及顶棚应为白色。

5.7.7 当设置现代艺术课教室时,其墙面及顶棚应采取吸声措施。

### Ⅱ 书 法 教 室

5.7.8 小学书法教室可兼作美术教室。

5.7.9 书法教室可附设书画储藏室。

5.7.10 书法条案的布置应符合下列规定:

1 条案的平面尺寸宜为 1.50 m×0.60 m,可供 2 名学生合用;

2 条案宜平行于黑板布置;条案排距不应小于 1.20 m;

3 纵向走道宽度不应小于 0.70 m。

5.7.11 书法教室内应配置挂镜线,挂镜线宜设高低两组。

## 5.8 音 乐 教 室

5.8.1 音乐教室应附设乐器存放室。

5.8.2 各类小学的音乐教室中,应有 1 间能容纳 1 个班的唱游课,每生边唱边舞所占面积不应小于 2.40 m²。

5.8.3 音乐教室讲台上应布置教师用琴的位置。

5.8.4 中小学校应有 1 间音乐教室能满足合唱课教学的要求,宜在紧接后墙处设置 2 排～3 排阶梯式合唱台,每级高度宜为 0.20 m,宽度宜为 0.60 m。

5.8.5 音乐教室应设置五线谱黑板。

5.8.6 音乐教室的门窗应隔声。墙面及顶棚应采取吸声措施。

## 5.9 舞 蹈 教 室

5.9.1 舞蹈教室宜满足舞蹈艺术课、体操课、技巧课、武术课的教学要求,并可开展形体训练活动。每个学生的使用面积不宜小于 6 m²。

5.9.2 舞蹈教室应附设更衣室,宜附设卫生间、浴室和器材储藏室。

5.9.3 舞蹈教室应按男女学生分班上课的需要设置。

5.9.4 舞蹈教室内应在与采光窗相垂直的一面墙上设通长镜面,镜面含镜座总高度不宜小于 2.10 m,镜座高度不宜大于 0.30 m。镜面两侧的墙上及后墙上应装设可升降的把杆,镜面上宜装设固定把杆。把杆升高时的高度应为 0.90 m;把杆与墙间的净距不应小于 0.40 m。

5.9.5 舞蹈教室宜设置带防护网的吸顶灯。采暖等各种设施应暗装。

5.9.6 舞蹈教室宜采用木地板。

5.9.7 当学校有地方或民族舞蹈课时,舞蹈教室设计宜满足其特殊需要。

## 5.10 体育建筑设施

5.10.1 体育建筑设施包括风雨操场、游泳池或游泳馆。体育建筑设施的位置应邻近室外体育场,并宜便于向社会开放。

### Ⅰ 风 雨 操 场

5.10.2 风雨操场应附设体育器材室,也可与操场共用一个体育器材室,并宜附设更衣室、卫生间、浴室。教职工与学生的更衣室、卫生间、淋浴室应分设。

5.10.3 当风雨操场无围护墙时,应避免眩光影响。有围护墙的风雨操场外窗无避免眩光的设施时,窗台距室内地面高度不宜低于 2.10 m。窗台高度以下的墙面宜为深色。

5.10.4 根据运动占用空间的要求,应在风雨操场内预留各项目之间设置安全分隔的设施。

5.10.5 风雨操场内,运动场地的灯具等应设护罩。悬吊物应有可靠的固定措施。有围护墙时,在窗的室内一侧应设护网。

5.10.6 风雨操场的楼、地面构造应根据主要运动项目的要求确定,不宜采用刚性地面。固定运动器械的预埋件应暗设。

5.10.7 当风雨操场兼作集会场所时,宜进行声学处理。

5.10.8 风雨操场通风设计应符合本规范第9.1.3条的规定,应采用自然通风;当自然通风不满足要求时,宜设机械通风或空调。

5.10.9 体育器材室的门窗及通道应满足搬运体育器材的需要。

5.10.10 体育器材室的室内应采取防虫、防潮措施。

Ⅱ 游泳池、游泳馆

5.10.11 中小学校的游泳池、游泳馆均应附设卫生间、更衣室,宜附设浴室。

5.10.12 中小学校泳池宜为8泳道,泳道长宜为50 m或25 m。

5.10.13 中小学校游泳池、游泳馆内不得设置跳水池,且不宜设置深水区。

5.10.14 中小学校泳池入口处应设置强制通过式浸脚消毒池,池长不应小于2.00 m,宽度应与通道相同,深度不宜小于0.20 m。

5.10.15 泳池设计应符合国家现行标准《建筑给水排水设计规范》GB 50015及《游泳池给水排水工程技术规程》CJJ 122的有关规定。

## 5.11 劳动教室、技术教室

5.11.1 小学的劳动教室和中学的技术教室应根据国家或地方教育行政主管部门规定的教学内容进行设计,并应设置教学内容所需要的辅助用房、工位装备及水、电、气、热等设施。

5.11.2 中小学校内有油烟或气味发散的劳动教室、技术教室应设置有效的排气设施。

5.11.3 中小学校内有振动或发出噪声的劳动教室、技术教室应采取减振减噪、隔振隔噪声措施。

5.11.4 部分劳动课程、技术课程可以利用普通教室或其他专用教室。高中信息技术课可以在计算机教室进行,但其附属用房宜加大,以配置扫描仪、打印机等相应的设备。

## 5.12 合班教室

5.12.1 各类小学宜配置能容纳2个班的合班教室。当合班教室兼用于唱游课时,室内不应设置固定课桌椅,并应附设课桌椅存放空间。兼作唱游课教室的合班教室应对室内空间进行声学处理。

5.12.2 各类中学宜配置能容纳一个年级或半个年级的合班教室。

5.12.3 容纳3个班及以上的合班教室应设计为阶梯教室。

5.12.4 阶梯教室梯级高度依据视线升高值确定。阶梯教室的设计视点应定位于黑板底边缘的中点处。前后排座位错位布置时,视线的隔排升高值宜为0.12 m。

5.12.5 合班教室宜附设1间辅助用房,储存常用教学器材。

5.12.6 合班教室课桌椅的布置应符合下列规定:

1 每个座位的宽度不应小于0.55 m,小学座位排距不应小于0.85 m,中学座位排距不应小于0.90 m;

2 教室最前排座椅前沿与前方黑板间的水平距离不应小于2.50 m,最后排座椅的前沿与前方黑板间的水平距离不应大于18.00 m;

3 纵向、横向走道宽度均不应小于0.90 m,当座位区内有贯通的纵向走道时,若设置靠墙纵向走道,靠墙走道宽度可小于0.90 m,但不应小于0.60 m;

4 最后排座位之后应设宽度不小于0.60 m的横向疏散走道;

5 前排边座座椅与黑板远端间的水平视角不应小于30°。

5.12.7 当合班教室内设置视听教学器材时,宜在前墙安装推拉黑板和投影屏幕(或数字化智能屏幕),并应符合下列规定:

1 当小学教室长度超过9.00 m,中学教室长度超过10.00 m时,宜在顶棚上或墙、柱上加设显示

屏;学生的视线在水平方向上偏离屏幕中轴线的角度不应大于 45°,垂直方向上的仰角不应大于 30°;

2　当教室内,自前向后每 6.00～8.00 m 设 1 个显示屏时,最后排座位与黑板间的距离不应大于 24.00 m;学生座椅前缘与显示屏的水平距离不应小于显示屏对角线尺寸的 4～5 倍,并不应大于显示屏对角线尺寸的 10～11 倍;

3　显示屏宜加设遮光板。

5.12.8　教室内设置视听器材时,宜设置转暗设备,并宜设置座位局部照明设施。

5.12.9　合班教室墙面及顶棚应采取吸声措施。

## 5.13　图 书 室

5.13.1　中小学校图书室应包括学生阅览室、教师阅览室、图书杂志及报刊阅览室、视听阅览室、检录及借书空间、书库、登录、编目及整修工作室。并可附设会议室和交流空间。

5.13.2　图书室应位于学生出入方便、环境安静的区域。

5.13.3　图书室的设置应符合下列规定:

1　教师与学生的阅览室宜分开设置,使用面积应符合本规范表 7.1.1 的规定;

2　中小学校的报刊阅览室可以独立设置,也可以在图书室内的公共交流空间设报刊架,开架阅览;

3　视听阅览室的设置应符合下列规定:

1)　使用面积应符合本规范表 7.1.1 的规定;

2)　视听阅览室宜附设资料储藏室,使用面积不宜小于 12.00 m²;

3)　当视听阅览室兼作计算机教室、语言教室使用时,阅览桌椅的排列应符合本规范第 5.5 节及第 5.6 节的规定;

4)　视听阅览室宜采用防静电架空地板,不得采用无导出静电功能的木地板或塑料地板;当采用地板采暖系统时,楼地面需采用与之相适应的构造做法;

4　书库使用面积宜按以下规定计算后确定:

1)　开架藏书量为 400～500 册/m²;

2)　闭架藏书量为 500～600 册/m²;

3)　密集书架藏书量为 800～1200 册/m²;

5　书库应采取防火、降温、隔热、通风、防潮、防虫及防鼠的措施;

6　借书空间除设置师生个人借阅空间外,还应设置检录及班级集体借书的空间。借书空间的使用面积不宜小于 10.00 m²。

## 5.14　学生活动室

5.14.1　学生活动室供学生兴趣小组使用。各小组宜在相关的专用教室中开展活动,各活动室仅作为服务、管理工作和储藏用。

5.14.2　学生活动室的数量及面积宜依据学校的规模、办学特色和建设条件设置。面积应依据活动项目的特点确定。

5.14.3　学生活动室的水、电、气、冷、热源及设备、设施应根据活动内容的需要设置。

## 5.15　体质测试室

5.15.1　体质测试室宜设在风雨操场或医务室附近。并宜设为相通的 2 间。体质测试室宜附设可容纳一个班的等候空间。

5.15.2　体质测试室应有良好的天然采光和自然通风。

## 5.16　心理咨询室

5.16.1　心理咨询室宜分设为相连通的 2 间,其中有一间宜能容纳沙盘测试,其平面尺寸不宜小于 4.00 m×3.40 m。心理咨询室可附设能容纳 1 个班的心理活动室。

5.16.2　心理咨询室宜安静、明亮。

### 5.17 德育展览室

5.17.1 德育展览室的位置宜设在校门附近或主要教学楼入口处,也可设在会议室、合班教室附近,或在学生经常经过的走道处附设展览廊。

5.17.2 德育展览室可与其他展览空间合并或连通。

5.17.3 德育展览室的面积不宜小于 60.00 m²。

### 5.18 任课教师办公室

5.18.1 任课教师的办公室应包括年级组教师办公室和各课程教研组办公室。

5.18.2 年级组教师办公室宜设置在该年级普通教室附近。课程有专用教室时,该课程教研组办公室宜与专用教室成组设置。其他课程教研组可集中设置于行政办公室或图书室附近。

5.18.3 任课教师办公室内宜设洗手盆。

## 6 行政办公用房和生活服务用房

### 6.1 行政办公用房

6.1.1 行政办公用房应包括校务、教务等行政办公室、档案室、会议室、学生组织及学生社团办公室、文印室、广播室、值班室、安防监控室、网络控制室、卫生室(保健室)、传达室、总务仓库及维修工作间等。

6.1.2 主要行政办公用房的位置应符合下列规定:

1 校务办公室宜设置在与全校师生易于联系的位置,并宜靠近校门;

2 教务办公室宜设置在任课教师办公室附近;

3 总务办公室宜设置在学校的次要出入口或食堂、维修工作间附近;

4 会议室宜设在便于教师、学生、来客使用的适中位置;

5 广播室的窗应面向全校学生做课间操的操场;

6 值班室宜设置在靠近校门、主要建筑物出入口或行政办公室附近;

7 总务仓库及维修工作间宜设在校园的次要出入口附近,其运输及噪声不得影响教学环境的质量和安全。

6.1.3 中小学校设计应依据使用和管理的需要设安防监控中心。安防工程的设置应符合现行国家标准《安全防范工程技术规范》GB 50348 的有关规定。

6.1.4 网络控制室宜设空调。

6.1.5 网络控制室内宜采用防静电架空地板,不得采用无导出静电功能的木地板或塑料地板。当采用地板采暖时,楼地面需采用相适应的构造。

6.1.6 卫生室(保健室)的设置应符合下列规定:

1 卫生室(保健室)应设在首层,宜临近体育场地,并方便急救车辆就近停靠;

2 小学卫生室可只设 1 间,中学宜分设相通的 2 间,分别为接诊室和检查室,并可设观察室;

3 卫生室的面积和形状应能容纳常用诊疗设备,并能满足视力检查的要求;每间房间的面积不宜小于 15 m²;

4 卫生室宜附设候诊空间,候诊空间的面积不宜小于 20 m²;

5 卫生室(保健室)内应设洗手盆、洗涤池和电源插座;

6 卫生室(保健室)宜朝南。

### 6.2 生活服务用房

6.2.1 中小学校生活服务用房应包括饮水处、卫生间、配餐室、发餐室、设备用房,宜包括食堂、淋浴室、停车库(棚)。寄宿制学校应包括学生宿舍、食堂、浴室。

#### Ⅰ 饮 水 处

6.2.2 中小学校的饮用水管线与室外公厕、垃圾站等污染源间的距离应大于 25.00 m。

6.2.3　教学用建筑内应在每层设饮水处,每处应按每 40～45 人设置一个饮水水嘴计算水嘴的数量。

6.2.4　教学用建筑每层的饮水处前应设置等候空间,等候空间不得挤占走道等疏散牢间。

## Ⅱ　卫　生　间

6.2.5　教学用建筑每层均应分设男、女学生卫生间及男、女教师卫生间。学校食堂宜设工作人员专用卫生间。当教学用建筑中每层学生少于 3 个班时,男、女生卫生间可隔层设置。

6.2.6　卫生间位置应方便使用且不影响其周边教学环境卫生。

6.2.7　在中小学校内,当体育场地中心与最近的卫生间的距离超过 90.00 m 时,可设室外厕所。所建室外厕所的服务人数可依学年总人数的 15% 计算。室外厕所宜预留扩建的条件。

6.2.8　学生卫生间卫生洁具的数量应按下列规定计算:

1　男生应至少为每 40 人设 1 个大便器或 1.20 m 长大便槽;每 20 人设 1 个小便斗或 0.60 m 长小便槽;女生应至少为每 13 人设 1 个大便器或 1.20 m 长大便槽;

2　每 40～45 人设 1 个洗手盆或 0.60 m 长盥洗槽;

3　卫生间内或卫生间附近应设污水池。

6.2.9　中小学校的卫生间内,厕位蹲位距后墙不应小于 0.30 m。

6.2.10　各类小学大便槽的蹲位宽度不应大于 0.18 m。

6.2.11　厕位间宜设隔板,隔板高度不应低于 1.20 m。

6.2.12　中小学校的卫生间应设前室。男、女生卫生间不得共用一个前室。

6.2.13　学生卫生间应具有天然采光、自然通风的条件,并应安置排气管道。

6.2.14　中小学校的卫生间外窗距室内楼地面 1.70 m 以下部分应设视线遮挡措施。

6.2.15　中小学校应采用水冲式卫生间。当设置旱厕时,应按学校专用无害化卫生厕所设计。

## Ⅲ　浴　　室

6.2.16　宜在舞蹈教室、风雨操场、游泳池(馆)附设淋浴室。教师浴室与学生浴室应分设。

6.2.17　淋浴室墙面应设墙裙,墙裙高度不应低于 2.10 m。

## Ⅳ　食　　堂

6.2.18　食堂与室外公厕、垃圾站等污染源间的距离应大于 25.00 m。

6.2.19　食堂不应与教学用房合并设置,宜设在校园的下风向。厨房的噪声及排放的油烟、气味不得影响教学环境。

6.2.20　寄宿制学校的食堂应包括学生餐厅、教工餐厅、配餐室及厨房。走读制学校应设置配餐室、发餐室和教工餐厅。

6.2.21　配餐室内应设洗手盆和洗涤池,宜设食物加热设施。

6.2.22　食堂的厨房应附设蔬菜粗加工和杂物、燃料、灰渣等存放空间。各空间应避免污染食物,并宜靠近校园的次要出入口。

6.2.23　厨房和配餐室的墙面应设墙裙,墙裙高度不应低于 2.10 m。

## Ⅴ　学　生　宿　舍

6.2.24　学生宿舍不得设在地下室或半地下室。

6.2.25　宿舍与教学用房不宜在同一栋建筑中分层合建,可在同一栋建筑中以防火墙分隔贴建。学生宿舍应便于自行封闭管理,不得与教学用房合用建筑的同一个出入口。

6.2.26　学生宿舍必须男女分区设置,分别设出入口,满足各自封闭管理的要求。

6.2.27　学生宿舍应包括居室、管理室、储藏室、清洁用具室、公共盥洗室和公共卫生间,宜附设浴室、洗衣房和公共活动室。

6.2.28　学生宿舍宜分层设置公共盥洗室、卫生间和浴室。盥洗室门、卫生间门与居室门间的距离不得大于 20.00 m。当每层寄宿学生较多时可分组设置。

6.2.29　学生宿舍每室居住学生不宜超过 6 人。居室每生占用使用面积不宜小于 3.00 m²。当采用单层床时,居室净高不宜低于 3.00 m;当采用双层床时,居室净高不宜低于 3.10 m;当采用高架床时,居室净高不宜低于 3.35 m。

注:居室面积指标内未计入储藏空间所占面积。

6.2.30　学生宿舍的居室内应设储藏空间,每人储藏空间宜为 0.30～0.45 m³,储藏空间的宽度和深度均不宜小于 0.60 m。

6.2.31　学生宿舍应设置衣物晾晒空间。当采用阳台、外走道或屋顶晾晒衣物时,应采取防坠落措施。

### Ⅵ　设备用房

6.2.32　设备用房包括变电室、配电室、锅炉房、通风机房、燃气调压箱、网络机房、消防水池等。中小学校建设应充分利用社会协作条件设置,减少设备用房的建设。

## 7　主要教学用房及教学辅助用房面积指标和净高

### 7.1　面积指标

7.1.1　主要教学用房的使用面积指标应符合表 7.1.1 的规定。

表 7.1.1　主要教学用房的使用面积指标(m²/座)

| 房间名称 | 小学 | 中学 | 备注 |
|---|---|---|---|
| 普通教室 | 1.36 | 1.39 | — |
| 科学教室 | 1.78 | — | — |
| 实验室 | — | 1.92 | — |
| 综合实验室 | — | 2.88 | — |
| 演示实验室 | — | 1.44 | 若容纳 2 个班,则指标为 1.20 |
| 史地教室 | — | 1.92 | — |
| 计算机教室 | 2.00 | 1.92 | — |
| 语言教室 | 2.00 | 1.92 | — |
| 美术教室 | 2.00 | 1.92 | — |
| 书法教室 | 2.00 | 1.92 | — |
| 音乐教室 | 1.70 | 1.64 | — |
| 舞蹈教室 | 2.14 | 3.15 | 宜和体操教室共用 |
| 合班教室 | 0.89 | 0.90 | — |
| 学生阅览室 | 1.80 | 1.90 | — |
| 教师阅览室 | 2.30 | 2.30 | — |
| 视听阅览室 | 1.80 | 2.00 | — |
| 报刊阅览室 | 1.80 | 2.30 | 可不集中设置 |

注:1　表中指标是按完全小学每班 45 人、各类中学每班 50 人排布测定的每个学生所需使用面积;如果班级人数定额不同,需进行调整。但学生的全部座位均必须在"黑板可视线"范围以内。

2　体育建筑设施、劳动教室、技术教室、心理咨询室未列入此表,另行规定。

3　任课教师办公室未列入此表,应按每位教师使用面积不小于 5.00 m² 计算。

7.1.2　体育建筑设施的使用面积应按选定的体育项目确定。

7.1.3　劳动教室和技术教室的使用面积应按课程内容的工艺要求、工位要求、安全条件等因素确定。

7.1.4　心理咨询室的使用面积要求应符合本规范第 5.16 节的规定。

7.1.5　主要教学辅助用房的使用面积不宜低于表 7.1.5 的规定。

表 7.1.5　主要教学辅助用房的使用面积指标（m²/间）

| 房间名称 | 小学 | 中学 | 备注 |
|---|---|---|---|
| 普通教室教师休息室 | (3.50) | (3.50) | 指标为使用面积/每位使用教师 |
| 实验员室 | 12.00 | 12.00 | |
| 仪器室 | 18.00 | 24.00 | |
| 药品室 | 18.00 | 24.00 | — |
| 准备室 | 18.00 | 24.00 | |
| 标本陈列室 | 42.00 | 42.00 | 可陈列在能封闭管理的走道内 |
| 历史资料室 | 12.00 | 12.00 | |
| 地理资料室 | 12.00 | 12.00 | |
| 计算机教室资料室 | 24.00 | 24.00 | |
| 语言教室资料室 | 24.00 | 24.00 | |
| 美术教室教具室 | 24.00 | 24.00 | 可将部分教具置于美术教室内 |
| 乐器室 | 24.00 | 24.00 | |
| 舞蹈教室更衣室 | 12.00 | 12.00 | |

注：除注明者外，指标为每室最小面积。当部分功能移入走道或教室时，指标作相应调整。

## 7.2　净　　高

7.2.1　中小学校主要教学用房的最小净高应符合表 7.2.1 的规定。

表 7.2.1　主要教学用房的最小净高（m）

| 教室 | 小学 | 初中 | 高中 |
|---|---|---|---|
| 普通教室、史地、美术、音乐教室 | 3.00 | 3.05 | 3.10 |
| 舞蹈教室 | 4.50 | | |
| 科学教室、实验室、计算机教室、劳动教室、技术教室、合班教室 | 3.10 | | |
| 阶梯教室 | 最后一排（楼地面最高处）距顶棚或上方突出物最小距离为 2.20 m | | |

7.2.2　风雨操场的净高应取决于场地的运动内容。各类体育场地最小净高应符合表 7.2.2 的规定。

表 7.2.2　各类体育场地的最小净高（m）

| 体育场地 | 田径 | 篮球 | 排球 | 羽毛球 | 乒乓球 | 体操 |
|---|---|---|---|---|---|---|
| 最小净高 | 9 | 7 | 7 | 9 | 4 | 6 |

注：田径场地可减少部分项目降低净高。

# 8 安全、通行与疏散

## 8.1 建筑环境安全

8.1.1 中小学校应装设周界视频监控、报警系统。有条件的学校应接入当地的公安机关监控平台。中小学校安防设施的设置应符合现行国家标准《安全防范工程技术规范》GB 50348 的有关规定。

8.1.2 中小学校建筑设计应符合现行国家标准《建筑抗震设计规范》GB 50011、《建筑设计防火规范》GB 50016 的有关规定。

8.1.3 学校设计所采用的装修材料、产品、部品应符合现行国家标准《建筑内部装修设计防火规范》GB 50222、《民用建筑工程室内环境污染控制规范》GB 50325 的有关规定及国家有关材料、产品、部品的标准规定。

8.1.4 体育场地采用的地面材料应满足环境卫生健康的要求。

8.1.5 临空窗台的高度不应低于 0.90 m。

8.1.6 上人屋面、外廊、楼梯、平台、阳台等临空部位必须设防护栏杆，防护栏杆必须牢固、安全，高度不应低于 1.10 m。防护栏杆最薄弱处承受的最小水平推力应不小于 1.5 kN/m。

8.1.7 以下路面、楼地面应采用防滑构造做法，室内应装设密闭地漏：

1 疏散通道；

2 教学用房的走道；

3 科学教室、化学实验室、热学实验室、生物实验室、美术教室、书法教室、游泳池（馆）等有给水设施的教学用房及教学辅助用房；

4 卫生室（保健室）、饮水处、卫生间、盥洗室、浴室等有给水设施的房间。

8.1.8 教学用房的门窗设置应符合下列规定：

1 疏散通道上的门不得使用弹簧门、旋转门、推拉门、大玻璃门等不利于疏散通畅、安全的门；

2 各教学用房的门均应向疏散方向开启，开启的门扇不得挤占走道的疏散通道；

3 靠外廊及单内廊一侧教室内隔墙的窗开启后，不得挤占走道的疏散通道，不得影响安全疏散；

4 二层及二层以上的临空外窗的开启扇不得外开。

8.1.9 在抗震设防烈度为 6 度或 6 度以上地区建设的实验室不宜采用管道燃气作为实验用的热源。

## 8.2 疏散通行宽度

8.2.1 中小学校内，每股人流的宽度应按 0.60 m 计算。

8.2.2 中小学校建筑的疏散通道宽度最少应为 2 股人流，并应按 0.60 m 的整数倍增加疏散通道宽度。

8.2.3 中小学校建筑的安全出口、疏散走道、疏散楼梯和房间疏散门等处每 100 人的净宽度应按表 8.2.3 计算。同时，教学用房的内走道净宽度不应小于 2.40 m，单侧走道及外廊的净宽度不应小于 1.80 m。

表 8.2.3 安全出口、疏散走道、疏散楼梯和房间疏散门每 100 人的净宽度（m）

| 所在楼层位置 | 耐火等级 | | |
|---|---|---|---|
| | 一、二级 | 三级 | 四级 |
| 地上一、二层 | 0.70 | 0.80 | 1.05 |
| 地上三层 | 0.80 | 1.05 | — |
| 地上四、五层 | 1.05 | 1.30 | — |
| 地下一、二层 | 0.80 | — | — |

8.2.4 房间疏散门开启后，每樘门净通行宽度不应小于 0.90 m。

## 8.3　校园出入口

8.3.1　中小学校的校园应设置 2 个出入口。出入口的位置应符合教学、安全、管理的需要,出入口的布置应避免人流、车流交叉。有条件的学校宜设置机动车专用出入口。

8.3.2　中小学校校园出入口应与市政交通衔接,但不应直接与城市主干道连接。校园主要出入口应设置缓冲场地。

## 8.4　校　园　道　路

8.4.1　校园内道路应与各建筑的出入口及走道衔接,构成安全、方便、明确、通畅的路网。

8.4.2　中小学校校园应设消防车道。消防车道的设置应符合现行国家标准《建筑设计防火规范》GB 50016 的有关规定。

8.4.3　校园道路每通行 100 人道路净宽为 0.70 m,每一路段的宽度应按该段道路通达的建筑物容纳人数之和计算,每一路段的宽度不宜小于 3.00 m。

8.4.4　校园道路及广场设计应符合国家现行标准的有关规定。

8.4.5　校园内人流集中的道路不宜设置台阶。设置台阶时,不得少于 3 级。

8.4.6　校园道路设计应符合现行国家标准《建筑设计防火规范》GB 50016 的有关规定。

## 8.5　建筑物出入口

8.5.1　校园内除建筑面积不大于 200 m²,人数不超过 50 人的单层建筑外,每栋建筑应设置 2 个出入口。非完全小学内,单栋建筑面积不超过 500 m²,且耐火等级为一、二级的低层建筑可只设 1 个出入口。

8.5.2　教学用房在建筑的主要出入口处宜设门厅。

8.5.3　教学用建筑物出入口净通行宽度不得小于 1.40 m,门内与门外各 1.50 m 范围内不宜设置台阶。

8.5.4　在寒冷或风沙大的地区,教学用建筑物出入口应设挡风间或双道门。

8.5.5　教学用建筑物的出入口应设置无障碍设施,并应采取防止上部物体坠落和地面防滑的措施。

8.5.6　停车场地及地下车库的出入口不应直接通向师生人流集中的道路。

## 8.6　走　　道

8.6.1　教学用建筑的走道宽度应符合下列规定:

1　应根据在该走道上各教学用房疏散的总人数,按照本规范表 8.2.3 的规定计算走道的疏散宽度;

2　走道疏散宽度内不得有壁柱、消火栓、教室开启的门窗扇等设施。

8.6.2　中小学校的建筑物内,当走道有高差变化应设置台阶时,台阶处应有天然采光或照明,踏步级数不得少于 3 级,并不得采用扇形踏步。当高差不足 3 级踏步时,应设置坡道。坡道的坡度不应大于 1:8,不宜大于 1:12。

## 8.7　楼　　梯

8.7.1　中小学校建筑中疏散楼梯的设置应符合现行国家标准《民用建筑设计通则》GB 50352、《建筑设计防火规范》GB 50016 和《建筑抗震设计规范》GB 50011 的有关规定。

8.7.2　中小学校教学用房的楼梯梯段宽度应为人流股数的整数倍。梯段宽度不应小于 1.20 m,并应按 0.60 m 的整数倍增加梯段宽度。每个梯段可增加不超过 0.15 m 的摆幅宽度。

8.7.3　中小学校楼梯每个梯段的踏步级数不应少于 3 级,且不应多于 18 级,并应符合下列规定:

1　各类小学楼梯踏步的宽度不得小于 0.26 m,高度不得大于 0.15 m;

2　各类中学楼梯踏步的宽度不得小于 0.28 m,高度不得大于 0.16 m;

3　楼梯的坡度不得大于 30°。

8.7.4　疏散楼梯不得采用螺旋楼梯和扇形踏步。

8.7.5　楼梯两梯段间楼梯井净宽不得大于 0.11 m,大于 0.11 m 时,应采取有效的安全防护措施。两梯段扶手间的水平净距宜为 0.10~0.20 m。

8.7.6　中小学校的楼梯扶手的设置应符合下列规定:

1 楼梯宽度为 2 股人流时,应至少在一侧设置扶手;

2 楼梯宽度达 3 股人流时,两侧均应设置扶手;

3 楼梯宽度达 4 股人流时,应加设中间扶手,中间扶手两侧的净宽均应满足本规范第8.7.2条的规定;

4 中小学校室内楼梯扶手高度不应低于 0.90 m,室外楼梯扶手高度不应低于 1.10 m;水平扶手高度不应低于 1.10 m;

5 中小学校的楼梯栏杆不得采用易于攀登的构造和花饰;杆件或花饰的镂空处净距不得大于 0.11 m;

6 中小学校的楼梯扶手上应加装防止学生溜滑的设施。

8.7.7 除首层及顶层外,教学楼疏散楼梯在中间层的楼层平台与梯段接口处宜设置缓冲空间,缓冲空间的宽度不宜小于梯段宽度。

8.7.8 中小学校的楼梯两相邻梯段间不得设置遮挡视线的隔墙。

8.7.9 教学用房的楼梯间应有天然采光和自然通风。

## 8.8 教室疏散

8.8.1 每间教学用房的疏散门均不应少于 2 个,疏散门的宽度应通过计算;同时,每樘疏散门的通行净宽度不应小于 0.90 m。当教室处于袋形走道尽端时,若教室内任一处距教室门不超过 15.00 m,且门的通行净宽度不小于 1.50 m 时,可设 1 个门。

8.8.2 普通教室及不同课程的专用教室对教室内桌椅间的疏散走道宽度要求不同,教室内疏散走道的设置应符合本规范第 5 章对各教室设计的规定。

# 9 室 内 环 境

## 9.1 空 气 质 量

9.1.1 中小学校建筑的室内空气质量应符合现行国家标准《室内空气质量标准》GB/T18883 及《民用建筑工程室内环境污染控制规范》GB 50325 的有关规定。

9.1.2 中小学校教学用房的新风量应符合现行国家标准《公共建筑节能设计标准》GB 50189 的有关规定。

9.1.3 当采用换气次数确定室内通风量时,各主要房间的最小换气次数应符合表 9.1.3 的规定。

表 9.1.3 各主要房间的最小换气次数标准

| 房间名称 | | 换气次数/(次/h) |
| --- | --- | --- |
| 普通教室 | 小学 | 2.5 |
| | 初中 | 3.5 |
| | 高中 | 4.5 |
| 实验室 | | 3.0 |
| 风雨操场 | | 3.0 |
| 厕所 | | 10.0 |
| 保健室 | | 2.0 |
| 学生宿舍 | | 2.5 |

9.1.4 中小学校设计中必须对建筑及室内装修所采用的建材、产品、部品进行严格择定,避免对校内空气造成污染。

## 9.2 采 光

9.2.1 教学用房工作面或地面上的采光系数不得低于表 9.2.1 的规定和现行国家标准《建筑采光设计标准》GB/T 50033 的有关规定。在建筑方案设计时,其采光窗洞口面积应按不低于表 9.2.1 窗地面积比的规定估算。

表 9.2.1 教学用房工作面或地面上的采光系数标准和窗地面积比

| 房间名称 | 规定采光系数的平面 | 采光系数最低值/（%） | 窗地面积比 |
|---|---|---|---|
| 普通教室、史地教室、美术教室、书法教室、语言教室、音乐教室、合班教室、阅览室 | 课桌面 | 2.0 | 1：5.0 |
| 科学教室、实验室 | 实验桌面 | 2.0 | 1：5.0 |
| 计算机教室 | 机台面 | 2.0 | 1：5.0 |
| 舞蹈教室、风雨操场 | 地面 | 2.0 | 1：5.0 |
| 办公室、保健室 | 地面 | 2.0 | 1：5.0 |
| 饮水处、厕所、淋浴 | 地面 | 0.5 | 1：10.0 |
| 走道、楼梯间 | 地面 | 1.0 | — |

注：表中所列采光系数值适用于我国Ⅲ类光气候区，其他光气候区应将表中的采光系数值乘以相应的光气候系数。光气候系数应符合现行国家标准《建筑采光设计标准》GB/T 50033 的有关规定。

9.2.2 普通教室、科学教室、实验室、史地、计算机、语言、美术、书法等专用教室及合班教室、图书室均应以自学生座位左侧射入的光为主。教室为南向外廊式布局时，应以北向窗为主要采光面。

9.2.3 除舞蹈教室、体育建筑设施外，其他教学用房室内各表面的反射比值应符合表 9.2.3 的规定，会议室、卫生室（保健室）的室内各表面的反射比值宜符合表 9.2.3 的规定。

表 9.2.3 教学用房室内各表面的反射比值

| 表面部位 | 反射比 |
|---|---|
| 顶棚 | 0.70～0.80 |
| 前墙 | 0.50～0.60 |
| 地面 | 0.20～0.40 |
| 侧墙、后墙 | 0.70～0.80 |
| 课桌面 | 0.25～0.45 |
| 黑板 | 0.10～0.20 |

## 9.3 照 明

9.3.1 主要用房桌面或地面的照明设计值不应低于表 9.3.1 的规定，其照度均匀度不应低于 0.7 且不应产生眩光。

表 9.3.1 教学用房的照明标准

| 房间名称 | 规定照度的平面 | 维持平均照度/（lx） | 统一眩光值 UGR | 显色指数 Ra |
|---|---|---|---|---|
| 普通教室、史地教室、书法教室、音乐教室、语言教室、合班教室、阅览室 | 课桌面 | 300 | 19 | 80 |
| 科学教室、实验室 | 实验桌面 | 300 | 19 | 80 |
| 计算机教室 | 机台面 | 300 | 19 | 80 |
| 舞蹈教室 | 地面 | 300 | 19 | 80 |
| 美术教室 | 课桌面 | 500 | 19 | 90 |
| 风雨操场 | 地面 | 300 | — | 65 |
| 办公室、保健室 | 桌面 | 300 | 19 | 80 |
| 走道、楼梯间 | 地面 | 100 | — | |

9.3.2 主要用房的照明功率密度值及对应照度值应符合表 9.3.2 的规定及现行国家标准《建筑照明设计标准》GB 50034 的有关规定。

表 9.3.2 教学用房的照明功率密度值及对应照度值

| 房间名称 | 照明功率密度/(W/m²) | | 对应照度值/(lx) |
|---|---|---|---|
| | 现行值 | 目标值 | |
| 普通教室、史地教室、书法教室、音乐教室、语言教室、合班教室、阅览室 | 11 | 9 | 300 |
| 科学教室、实验室、舞蹈教室 | 11 | 9 | 300 |
| 有多媒体设施的教室 | 11 | 9 | 300 |
| 美术教室 | 18 | 15 | 500 |
| 办公室、保健室 | 11 | 9 | 300 |

## 9.4 噪 声 控 制

9.4.1 教学用房的环境噪声控制值应符合现行国家标准《民用建筑隔声设计规范》GB 50118 的有关规定。

9.4.2 主要教学用房的隔声标准应符合表 9.4.2 的规定。

表 9.4.2 主要教学用房的隔声标准

| 房间名称 | 空气隔声标准/(dB) | 顶部楼板撞击声隔声单值评价量/(dB) |
|---|---|---|
| 语言教室、阅览室 | ≥50 | ≤65 |
| 普通教室、实验室等与不产生噪声的房间之间 | ≥45 | ≤75 |
| 普通教室、实验室等与产生噪声的房间之间 | ≥50 | ≤65 |
| 音乐教室等等产生噪声的房间之间 | ≥45 | ≤65 |

9.4.3 教学用房的混响时间应符合现行国家标准《民用建筑隔声设计规范》GB 50118 的有关规定。

# 10 建 筑 设 备

## 10.1 采暖通风与空气调节

10.1.1 中小学校建筑的采暖通风与空气调节系统的设计应满足舒适度的要求,并符合节约能源的原则。

10.1.2 中小学校的采暖与空调冷热源形式应根据所在地的气候特征、能源资源条件及其利用成本,经技术经济比较确定。

10.1.3 采暖地区学校的采暖系统热源宜纳入区域集中供热管网。无条件时宜设置校内集中采暖系统。非采暖地区,当舞蹈教室、浴室、游泳馆等有较高温度要求的房间在冬季室温达不到规定温度时,应设置采暖设施。

10.1.4 中小学校热环境设计中,当具备条件时,应进行技术经济比较,优先利用可再生能源作为冷热源。

10.1.5 中小学校的集中采暖系统应以热水为供热介质,其采暖设计供水温度不宜高于 85 ℃。

10.1.6 中小学校的采暖系统应实现分室控温:宜有分区或分层控制手段。

10.1.7 中小学校内各种房间的采暖设计温度不应低于表 10.1.7 的规定。

表 10.1.7 采暖设计温度

| 房间名称 | | 室内设计温度/℃ |
|---|---|---|
| 教学及教学辅助用房 | 普通教室、科学教室、实验室、史地教室、美术教室、书法教室、音乐教室、语言教室、学生活动中心、心理咨询室、任课教师办公室 | 18 |
| | 舞蹈教室 | 22 |
| | 体育馆、体质测试室 | 12～15 |
| | 计算机教室、合班教室、德育展览室、仪器室 | 16 |
| | 图书室 | 20 |
| 行政办公用房 | 办公室、会议室、值班室、安防监控室、传达室 | 18 |
| | 网络控制室、总务仓库及维修工作间 | 16 |
| | 卫生室(保健室) | 22 |
| 生活服务用房 | 食堂、卫生间、走道、楼梯间 | 16 |
| | 浴室 | 25 |
| | 学生宿舍 | 18 |

10.1.8 中小学校的通风设计应符合下列规定:

1 应采取有效的通风措施,保证教学、行政办公用房及服务用房的室内空气中 $CO_2$ 的浓度不超过 0.15%;

2 当采用换气次数确定室内通风量时,其换气次数不应低于本规范表 9.1.3 的规定;

3 在各种有效通风设施选择中,应优先采用有组织的自然通风设施;

4 采用机械通风时,人员所需新风量不应低于表 10.1.8 的规定。

表 10.1.8 主要房间人员所需新风量

| 房间名称 | 人均新风量/[m³/(h·人)] |
|---|---|
| 普通教室 | 19 |
| 化学、物理、生物实验室 | 20 |
| 语言、计算机教室,艺术类教室 | 20 |
| 合班教室 | 16 |
| 保健室 | 38 |
| 学生宿舍 | 10 |

注:人均新风量是指人均生理所需新风量与排除建筑污染所需新风量之和,其中单位面积排除建筑污染所需新风量按 1.1 m³/(h·人) 计算。

10.1.9 除化学、生物实验室外的其他教学用房及教学辅助用房的通风应符合下列规定:

1 非严寒与非寒冷地区全年,严寒与寒冷地区除冬季外应优先采用开启外窗的自然通风方式;

2 严寒与寒冷地区于冬季,条件允许时,应采用排风热回收型机械通风方式;其新风量不应低于本规范表 10.1.8 的规定;

3 严寒与寒冷地区于冬季采用自然通风方式时,应符合下列规定:

1) 宜在外围护结构的下部设置进风口;

2) 在内走道墙上部设置排风口或在室内设附墙排风道此时排风口应贴近各层顶棚设置,并应可调节;

3）进风口面积不应小于房间面积的 1/60；当房间采用散热器采暖时，进风口宜设在进风能被散热器直接加热的部位；

4）当排风口设于内走道时，其面积不应小于房间面积的 1/30；当设置附墙垂直排风道时，其面积应通过计算确定；

5）进、排风口面积与位置宜结合建筑布局经自然通风分析计算确定。

10.1.10　化学与生物实验室、药品储藏室、准备室的通风设计应符合下列规定：

1　应采用机械排风通风方式。排风量应按本规范表 10.1 确定；最小通风效率应为 75%。各教室排风系统及通风柜排风系统均应单独设置。

2　补风方式应优先采用自然补风，条件不允许时，可采用机械补风。

3　室内气流组织应根据实验室性质确定，化学实验室宜采用下排风。

4　强制排风系统的室外排风口宜高于建筑主体，其最低点应高于人员逗留地面 2.50 m 以上。

5　进、排风口应设防尘及防虫鼠装置，排风口应采用防雨雪进入、抗风向干扰的风口形式。

10.1.11　在夏热冬暖、夏热冬冷等气候区中的中小学校，当教学用房、学生宿舍不设空调且在夏季通过开窗通风不能达到基本热舒适度时，应按下列规定设置电风扇：

1　教室应采用吊式电风扇。各类小学中，风扇叶片距地面高度不应低于 2.80 m；各类中学中，风扇叶片距地面高度不应低于 3.00 m。

2　学生宿舍的电风扇应有防护网。

10.1.12　计算机教室、视听阅览室及相关辅助用房宜设空调系统。

10.1.13　中小学校的网络控制室应单独设置空调设施，其温、湿度应符合现行国家标准《电子信息系统机房设计规范》GB 50174 的有关规定。

## 10.2　给　水　排　水

10.2.1　中小学校应设置给水排水系统，并选择与其等级和规模相适应的器具设备。

10.2.2　中小学校的用水定额、给水排水系统的选择，应符合现行国家标准《建筑给水排水设计规范》GB 50015 的有关规定。

10.2.3　中小学校的生活用水水质应符合现行国家标准《生活饮用水卫生标准》GB 5749 的有关规定。

10.2.4　在寒冷及严寒地区的中小学校中，教学用房的给水引入管上应设泄水装置。有可能产生冰冻部位的给水管道应有防冻措施。

10.2.5　当化学实验室给水水嘴的工作压力大于 0.02 MPa，急救冲洗水嘴的工作压力大于 0.01 MPa 时，应采取减压措施。

10.2.6　中小学校的二次供水系统及自备水源应遵循安全卫生、节能环保的原则，并应符合国家现行标准的有关规定。

10.2.7　中小学校的用水器具和配件应采用节水性能良好、坚固耐用，且便于管理维修的产品。室内消火栓箱不宜采用普通玻璃门。

10.2.8　实验室化验盆排水口应装设耐腐蚀的挡污算，排水管道应采用耐腐蚀管材。

10.2.9　中小学校的植物栽培园、小动物饲养园和体育场地应设洒水栓及排水设施。

10.2.10　中小学校建筑应根据所在地区的生活习惯，供应开水或饮用净水。当采用管道直饮水时，应符合现行行业标准《管道直饮水系统技术规程》CJJ 110 的有关规定。

10.2.11　中小学校应根据所在地的自然条件、水资源情况及经济技术发展水平，合理设置雨水收集利用系统。雨水利用工程应符合现行国家标准《建筑与小区雨水利用工程技术规范》GB 50400 的有关规定。

10.2.12　中小学校应按当地有关规定配套建设中水设施。当采用中水时，应符合现行国家标准《建筑中水设计规范》GB 50336 的有关规定。

10.2.13　化学实验室的废水应经过处理后再排入污水管道。食堂等房间排出的含油污水应经除油处理后再排入污水管道。

## 10.3　建　筑　电　气

10.3.1　中小学校应设置安全的供电设施和线路。

10.3.2　中小学校的供、配电设计应符合下列规定：

1　中小学校内建筑的照明用电和动力用电应设总配电装置和总电能计量装置。总配电装置的位置宜深入或接近负荷中心，且便于进出线。

2　中小学校内建筑的电梯、水泵、风机、空调等设备应设电能计量装置并采取节电措施。

3　各幢建筑的电源引入处应设置电源总切断装置和可靠的接地装置，各楼层应分别设置电源切断装置。

4　中小学校的建筑应预留配电系统的竖向贯通井道及配电设备位置。

5　室内线路应采用暗线敷设。

6　配电系统支路的划分应符合以下原则：

1）教学用房和非教学用房的照明线路应分设不同支路；

2）门厅、走道、楼梯照明线路应设置单独支路；

3）教室内电源插座与照明用电应分设不同支路；

4）空调用电应设专用线路。

7　教学用房照明线路支路的控制范围不宜过大，以 2～3 个教室为宜。

8　门厅、走道、楼梯照明线路宜集中控制。

9　采用视听教学器材的教学用房，照明灯具宜分组控制。

10.3.3　学校建筑应设置人工照明装置，并应符合下列规定：

1　疏散走道及楼梯应设置应急照明灯具及灯光疏散指示标志。

2　教室黑板应设专用黑板照明灯具，其最低维持平均照度应为 500 lx，黑板面上的照度最低均匀度宜为 0.7。黑板灯具不得对学生和教师产生直接眩光。

3　教室应采用高效率灯具，不得采用裸灯。灯具悬挂高度距桌面的距离不应低于 1.70 m。灯管应采用长轴垂直于黑板的方向布置。

4　坡地面或阶梯地面的合班教室，前排灯不应遮挡后排学生视线，并不应产生直接眩光。

10.3.4　教室照明光源宜采用显色指数 Ra 大于 80 的细管径稀土三基色荧光灯。对识别颜色有较高要求的教室，宜采用显色指数 Ra 大于 90 的高显色性光源；有条件的学校，教室宜选用无眩光灯具。

10.3.5　中小学校照明在计算照度时，维护系数宜取 0.8。

10.3.6　教学及教学辅助用房电源设置应符合下列规定：

1　各教室的前后墙应各设置一组电源插座；每组电源插座均应为 220 V 二孔、三孔安全型插座。

2　教室内设置视听教学器材时，应配置接线电源。

3　各实验室内，教学用电应设置专用线路，并应有可靠的接地措施。电源侧应设置短路保护、过载保护措施的配电装置。

4　科学教室、化学实验室、物理实验室应设置直流电源线路和交流电源线路。

5　物理实验室内，教师演示桌处应设置三相 380 V 电源插座。

6　电学实验室的实验桌及计算机教室的微机操作台应设置电源插座。综合实验室的电源插座宜设在靠墙的固定实验桌上。总用电控制开关均应设置在教师演示桌内。

7　化学实验室内，当实验桌上设置机械排风设施时，排风机应设专用动力电源，其控制开关宜设置在教师实验桌内。

10.3.7　行政和生活服务用房的电气设计应符合下列规定:

1　保健室、食堂的餐厅、厨房及配餐空间应设置电源插座及专用杀菌消毒装置。

2　教学楼内饮水器处宜设置专用供电电源装置。

3　学生宿舍居室用电宜设置电能计量装置。电能计量装置宜设置在居室外,并应设置可同时断开相线和中性线的电器装置。

4　盥洗室、淋浴室应设置局部等电位联结装置。

10.3.8　中小学校的电源插座回路、电开水器电源、室外照明电源均应设置剩余电流动作保护器。

### 10.4　建筑智能化

10.4.1　中小学校的智能化系统应包括计算机网络控制室、视听教学系统、安全防范监控系统、通信网络系统、卫星接收及有线电视系统、有线广播及扩声系统等。

10.4.2　中小学校智能化系统的机房设置应符合下列规定:

1　智能化系统的机房不应设在卫生间、浴室或其他经常可能积水场所的正下方,且不宜与上述场所相贴邻;

2　应预留智能化系统的设备用房及线路敷设通道。

10.4.3　智能化系统的机房宜铺设架空地板、网络地板,机房净高不宜小于 2.50 m。

10.4.4　中小学校应根据使用需要设置视听教学系统。

10.4.5　中小学校视听教学系统应包括控制中心机房设备和各教室内视听教学设备。

10.4.6　中小学校视听教学系统组网宜采用专业的线缆。

10.4.7　中小学校广播系统的设计应符合下列规定:

1　教学用房、教学辅助用房和操场应根据使用需要,分别设置广播支路和扬声器。室内扬声器安装高度不应低于 2.40 m。

2　播音系统中兼作播送作息音响信号的扬声器应设置在走道及其他场所。

3　广播线路敷设宜暗敷设。

4　广播室内应设置广播线路接线箱,接线箱宜暗装,并预留与广播扩音设备控制盘连接线的穿线暗管。

5　广播扩音设备的电源侧,应设置电源切断装置。

10.4.8　学校建筑智能化设计应符合现行国家标准《智能建筑设计标准》GB/T 50314 的有关规定。

### 本规范用词说明

1　为便于在执行本规范条文时区别对待,对要求严格程度不同的用词说明如下:

1)表示很严格,非这样做不可的用词:

正面词采用"必须",反面词采用"严禁";

2)表示严格,在正常情况均应这样做的用词:

正面词采用"应",反面词采用"不应"或"不得";

3)表示允许稍有选择,在条件许可时首先应这样做的用词:

正面词采用"宜",反面词采用"不宜";

4)表示有选择,在一定条件下可以这样做的用词,采用"可"。

2　本规范中指明应按其他有关标准、规范执行的写法为:

"应符合……的规定"或"应按……执行"。

### 引用标准名录

1　《建筑抗震设计规范》GB 50011

2　《建筑给水排水设计规范》GB 50015

3　《建筑设计防火规范》GB 50016

4　《建筑采光设计标准》GB/T 50033

5　《建筑照明设计标准》GB 50034

6　《民用建筑隔声设计规范》GB 50118

7　《电子信息系统机房设计规范》GB 50174

8　《公共建筑节能设计标准》GB 50189

9　《建筑内部装修设计防火规范》GB 50222

10　《智能建筑设计标准》GB/T 50314

11　《民用建筑工程室内环境污染控制规范》GB 50325

12　《建筑中水设计规范》GB 50336

13　《安全防范工程技术规范》GB 50348

14　《民用建筑设计通则》GB 50352

15　《建筑与小区雨水利用工程技术规范》GB 50400

16　《生活饮用水卫生标准》GB 5749

17　《室内空气质量标准》GB/T18883

18　《城市道路和建筑物无障碍设计规范》JGJ 50

19　《管道直饮水系统技术规程》CJJ 110

20　《游泳池给水排水工程技术规程》CJJ 122

 **6.3 设计任务书**

**1. 任务书一：12 班初级中学学校设计**

1）教学目的

初步掌握多元功能空间建筑设计的概念与方法。

2）教学要求

① 初步了解建筑功能、技术、构造、空间、环境、形式之间的关系。

② 理解系统分析及设计的方法，理解功能和造型的关系，理解建筑功能体系的构成，掌握较复杂多元功能空间建筑设计的方法与概念。

③ 理解建筑空间尺度与功能的关系，进一步掌握多元素组合的方法。

④ 进一步树立结构和构造的观念。

⑤ 初步了解相关建筑设计规范的内容和重要性。

⑥ 熟练掌握通过工作模型进行设计的方法，进一步掌握建筑图面表现及图文组织的方法。

3）设计内容和设计要求

（1）总平面设计内容和设计要求

① 总平面设计内容如下。

a. 功能分区：教学区、运动区、绿化及室外科学园地、二期发展用地。

b. 道路、广场、出入口及停车空间。

道路、广场应充分满足人流交通及集散的要求，同时还要满足平时必要的少量服务车辆使用的要求。道路、广场还应满足消防车辆使用的要求，并符合相关防火规范。

总平面设置主、次两个出入口，次出入口为服务入口。

　　停车空间包括主入口停车空间、职工及来访车辆停车空间、各主要建筑出入口停车空间。主校门应适当退后道路红线,留出一定的停车及交通缓冲空间(停车空间应具不小于 6 辆小汽车的临时停车位),以利上学及放学高峰时间接送车流的集散。职工及来访车辆停车空间与主要通道或广场相结合,应分别具有不少于 12 辆小汽车的停车位。各主要建筑出入口应具有不少于 2 辆小汽车的临时停车空间,以利于必要的装卸服务。

　　c. 体育运动区包括带有 200 m 环形跑道,并且带 100 m 直跑道的运动场 1 个,篮球场及排球场各 2 个,乒乓球场 4 个。体育运动区应与二期发展的风雨操场相邻。

　　d. 二期发展用地与一期用地应有机结合。二期发展用地内包括食堂和风雨操场 2 个内容,应与一期规划结合统一考虑,并在总图中用虚线表示出来。二期发展用地在一期暂时作为绿化用地考虑。

　　e. 其他:若门卫室未设在主体建筑之中,均应在总平面设计中表示出来。两个入口各设一个门卫室。

　　② 总平面设计要求如下。

　　a. 应从总体上把握整体环境空间和功能关系。

　　b. 功能分区明确。

　　c. 动区和静区概念明确,划分清晰。

　　d. 各类流线清晰,主次分明,互不干扰。

　　e. 各功能用房利于采光和通风,避免噪声干扰。

　　f. 符合相关规范和指标要求。

　　(2)教学区主体建筑设计内容和设计要求

　　① 教学区主体建筑设计内容如表 6-3 所示。

表 6-3　教学区主体建筑设计内容

| 分　项 | 房 间 名 称 | 使用面积/m² | 备　注 |
|---|---|---|---|
| 教 学 用 房 | 普通教室 | 63～65 | 每班 50 人,共 12 班 |
| | 音乐教室 | 73～75 | — |
| | 乐器室 | 23～25 | — |
| | 物理实验室 | 95～100 | — |
| | 生化实验室 | 95～100 | — |
| | 试验准备室 | 23～25 | 4 间,与实验室靠近 |
| | 美术教室 | 95～100 | — |
| | 美术教具室 | 23～25 | — |
| | 书法教室 | 95～100 | — |
| | 地理教室 | 95～100 | — |
| | 计算机教室 | 95～100 | — |
| | 计算机辅助用房 | 23～25 | — |
| | 劳动技术教室 | 95～100 | — |
| | 劳动教具室 | 23～25 | — |
| | 语言教室 | 95～100 | — |
| | 语言准备室或控制室 | 23～25 | 与语言教室靠近 |
| | 合计 | 1 819～1 880 | |

续表

| 分项 | 房 间 名 称 | 使用面积/m² | 备　注 |
|---|---|---|---|
| 公共教学用房 | 阅览室 | 160 | 包括学生阅览、教师阅览 |
| | 书库 | 30～40 | 应与阅览室毗连 |
| | 多功能教室 | 150 | 两班合用,可做成阶梯教室 |
| | 电教器材兼放映室 | 23～25 | |
| | 科技活动室 | 18～20 | 2 间 |
| | 合计 | 399～413 | |
| 行政办公用房 | 教师休息室 | 32 | |
| | 行政办公室 | 12～16 | 共 7 间 |
| | 教学办公室 | 12～16 | 共 6～8 间 |
| | 广播社团办公 | 23～25 | |
| | 档案室 | 12～16 | |
| | 大会议室兼接待室 | 48～64 | |
| | 德育展览室 | 50 | |
| | 医务室 | 12～16 | |
| | 总务仓库 | 30～36 | |
| | 维修管理室 | 23～25 | |
| | 传达值班 | 23～25 | |
| | 合计 | 423～529 | |
| 生活辅助用房 | 单身教工宿舍 | 100～120 | 在总平面上布置 |
| | 教职工食堂 | — | 在总平面上布置(二期发展) |
| | 开水房及浴室 | 24～48 | 在总平面上布置 |
| | 饮水处 | — | 每层设饮水处,饮水器按 50 人/个 |
| | 配电室 | 23～25 | 底层设一间 |
| | 卫生间 | 102～105 | 在教学楼中按层布置 |
| | 合计 | 249～298 | |
| | 合计使用面积 | 2890～3120 | |

注:① 应结合造型考虑升旗台、钟楼的设置。

② 设计考虑二期建设中食堂、风雨操场的位置,在总平面布置时,食堂用 20 m×30 m 的方块表示,风雨操场用 30 m×30 m 的方块表示。

③ 一期总建筑面积控制应在 3 200 m² 之内。

② 教学区主体建筑设计要求如下。

a. 应考虑教学区主体建筑各功能部分与周边各功能用地之间的有机关系。

b. 主要用房应具有良好的朝向及通风条件。

c. 主要教学用房应采用外廊式,以利于通风。

d. 平面应具有明确的功能分区。各功能部分既分又合,有机统一。避免采用分散式布局。各功能部分应有连廊相联。

e. 设计应方便进行年级划分。

f. 设计应反映不同人流的组织方式,应具有良好的人流疏散。流动空间与停留空间应具有良好的划分。

g. 应充分考虑主要教学用房之间的噪声干扰问题,尤其是噪声较高用房对其他功能用房的噪声干扰问题。

h. 应处理好主要功能和辅助功能之间的关系,尤其是厕所与其他功能用房之间的关系。

i. 建筑空间、造型与构造应符合建筑服务对象的个性和特点。

j. 应满足相应设计规范的要求。

k. 建筑层数为 1~4 层,局部可以达到 5 层,但普通教室部分应为 2~4 层。

(3) 总的设计内容和设计要求

① 总的设计内容:资料的收集、用地及总体功能的研究和分析、建筑功能空间的设计和组合、建筑的结构与构造、建筑的表现等几个方面。

② 总的设计要求如下。

a. 设计应由每一位同学独立创作完成。

b. 设计应综合体现总体规划与空间构成、功能逻辑、结构与构造、规范、视觉表达等几个方面的内容。

c. 设计除了在最后成果中体现以上内容之外,还应反映出对于设计过程的整体把握。

d. 设计应具有较具体的色彩、材料的选择,具有较成熟建筑形体的处理和明确的建筑语言的应用,且反映构成观念。

(4) 设计最终成果要求

① 图纸部分。

a. 总平面图。比例:1:500。要求建筑物正确绘制阴影,并适当做渲染。

b. 各层平面图。比例:1:200。应包括比例尺(或两道尺寸)、不同地坪标高及其他必要的标注。建筑平面图各功能用房均应标注房间名称。可考虑适当做渲染。

c. 教室标准单元平面图。比例:1:50。应包括配套的储藏室。教室和储藏室均应布置家具。比例尺(或两道尺寸)。可考虑适当做渲染。

d. 立面图。比例:1:200。应包括四个方向的立面图。要求建筑物正确绘制阴影。每个立面均要求做渲染,并适当配以配景。

e. 剖面图。比例:1:200。应包括关键位置标高。应反映出清晰的结构与构造观念。可考虑适当做渲染。

f. 效果图。2~4 幅,其中鸟瞰图至少 1 幅,水彩、水粉或钢笔淡彩表现均可。

g. 简要说明。应从用地及总体功能的研究和分析、建筑功能空间的设计和组合、建筑的结构与构造,以及是否满足相应设计规范要求等方面加以简述。

h. 标题文字。应包括"12 班中学设计"。可以使用几个方案构思的关键词或汉语拼音、英文做副标题。标题文字体例及大小自定,可以按图面效果和布图需要安排于图纸的任何位置。

所有内容绘制于若干张 A1 幅面的白色绘图纸内,横竖幅均可,但不允许横竖幅同时使用。要求图纸用黑色墨线绘制,可适当增加色彩表现。

图纸版面采用自由布图的方式,由学生自行认真设计。两幅图应具有统一的模板。图版正面一律不绘制图框及图标。两幅图的图标均安排于图纸背面右下侧,各距图纸边线 1 cm。

图纸用黑色墨线绘制,必须符合工程制图规范。图面必须具有较好的视觉效果。

② 模型部分。本单元模型为工作模型,不作为最终成果上交,因此,表现方式、使用材料等可以由设计者自己自由决定,但模型不仅是设计思维的基础,还是高质量模型照片的基础,仍然需要认真对待。

4) 进度安排

进度安排如表 6-4 所示。

表 6-4　进度安排

| 时间 | 课程内容 | 作 业 要 求 |
|------|---------|-----------|
| 第 1 周 | 设计前期调研 | 分组合作进行设计前期图文资料收集及参观调研工作,目的:正确理解建筑学特点,收集并深入分析相关专业资料,熟悉设计相关规范和图集,完成资料收集整理与成果绘制工作,完成实地调研报告,为后续承接设计任务提供必要的信息储备 |
| 第 2~3.5 周 | 一草 | 在前期调研基础上进行设计实际操作的策划,完成总平面图、建筑单体一层平面图和建筑徒手透视图 |
| 第 3.5~6 周 | 二草 | 在一草基础上进行方案的深化,并确定方案,完成总平面图、建筑各层平面图、建筑透视图 |
| 第 7~8 周 | 三草 | 通过自己的分析、教师辅导、小组集体评图,弄清设计的优缺点,修改设计,使设计更加完善,其要求与第二次草图相仿,但应更加深入,满足各项要求,完成总平面图、建筑各层平面图、立面图、剖面图和效果图等 |
| 第 9 周 | 集中上版 | 对第三次草图做少许必要的修改后,即行上版,完成正图 |

5)评分标准

① 效果图及图面表达,30%。

② 各层平面功能及空间关系,25%。

③ 各立面图,10%。

④ 各剖面图,10%。

⑤ 总平面图,20%。

⑥ 设计说明及经济技术指标,5%。

6)参考资料

① 彭一刚著《建筑空间组合论》,中国建筑工业出版社出版。

② 爱德华·T·怀特著《建筑语汇》,大连理工大学出版社出版。

③《建筑设计资料集》编委会编《建筑设计资料集(第二版)》第 3 集,中国建筑工业出版社出版。

④《中小学校设计规范》(GB 50090—2011)。

⑤ 全国高校建筑学专业指委会编《全国大学生建筑设计竞赛获奖方案集》,中国建筑工业出版社出版。

⑥ 其他相关专业书籍、杂志和网站等。

7)地形图

地形图如图 6-3 所示。

用地说明:用地内一期拟建 12 班小学教学楼一栋,布置一处 200 m 环形跑道场地(带 100 m 直跑道);
二期拟建风雨操场一座(30 m×30 m),内设标准篮球场一个;食堂一座(20 m×30 m)。
学校围墙退缩道路红线 1.5 m,建筑物南面退缩绿化隔离带 5 m,东、北、西面退缩道路红线 6 m。

## 2. 任务书二:18 班中学教学楼建筑设计

1)教学目的

本课程设计属教育类建筑。通过中小学建筑设计的理论学习及资料收集,结合中小学建筑方案设计实践,了解中小学建筑设计的理论和方法,掌握功能分区、流线关系的安排,提高室内空间的组织与处理能力,进一步加深方案的表达和表现能力,培养学生综合分析和解决问题的能力。

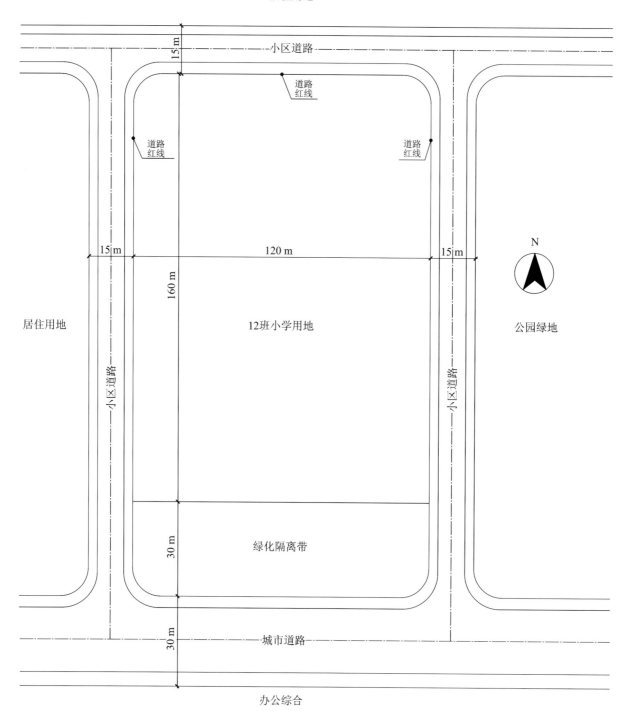

居住用地

居住用地

12班小学用地

公园绿地

办公综合

图 6-3　地形图

2）设计要求

① 性质和规格：本设计为 18 班中学教学楼建筑设计，校区总用地面积约为 1.2 hm²（±10％）。

② 建筑布局合理，分区明确，使用方便，流线简捷。

③ 建筑层数：2～4 层。

④ 各房间具体要求如表 6-5 所示。

表 6-5　各房间具体要求

| | 房间名称 | 间数 | 每间使用面积/m² | 备　注 |
|---|---|---|---|---|
| 教学用房 | 普通教室 | 18 | 55～67 | 每班 50 人,共 18 班 |
| | 音乐教室 | 1 | 73 | — |
| | 乐器室 | 1 | 20～30 | — |
| | 多功能大教室 | 1 | 150 | 供两班用,可做成阶梯教室 |
| | 电教器材储存修理兼放映室 | 1 | 20～30 | — |
| | 实验室 | 3 | 90～100 | 物理、生物、化学 |
| | 实验准备室 | 3 | 40～45 | 物理、生物、化学 |
| | 专业教室 | 4 | 90～100 | 美术、书法、地理、劳动技术 |
| | 美术教具室 | 1 | 20～30 | — |
| | 劳动教具室 | 1 | 20～30 | — |
| | 语音教室 | 1 | 90～100 | — |
| | 录音室 | 1 | 6～10 | — |
| | 语言教室准备室或控制室 | 1 | 30～40 | — |
| | 计算机教室 | 1 | 90～100 | — |
| | 计算机准备室 | 1 | 20～30 | — |
| | 体育活动室(或风雨操场) | 1 | ＞700 | — |
| | 体育器材室 | 1 | 40 | — |
| | 教师阅览室 | 1 | 30～40 | 可合并为一间 |
| | 学生阅览室 | 1 | 110～120 | |
| | 书库 | 1 | 80～100 | — |
| | 科技活动室 | 3 | 15～30 | — |
| | 教员休息室 | | 12～16 | 根据实际情况设置 |
| 行政用房 | 行政办公室 | 9 | 12～16 | 校长、党总支、档案、教务等 |
| | 会议室兼接待室 | 1 | 50 | — |
| | 教学办公室 | 6～8 | 12～16 | — |
| | 广播社团办公 | 1 | 25 | — |
| | 档案室 | 1 | 15～20 | — |
| | 德育展览室 | 1 | 50 | — |
| | 医务室 | 1 | 15～20 | — |
| | 总务办公室 | 1 | 40 | — |
| | 维修管理室 | 1 | 20～30 | — |
| | 传达值班室 | 1 | 20～30 | — |

| 房间名称 | | 间数 | 每间使用面积/m² | 备　　注 |
|---|---|---|---|---|
| 生活辅助 | 单身教工宿舍 | 1 | 108 | 在总平面上布置 |
| | 教职工食堂 | 1 | 98 | 在总平面上布置 |
| | 汽车库 | 1 | 40 | 在总平面上布置 |
| | 配电室 | 1 | 20~30 | — |
| | 杂物储藏室 | 1 | 24 | — |
| | 饮水间 | 自定 | 自定 | 在教学楼内设置 |
| | 厕所 | | 按规定标准计算 | 在教学楼中按层布置 |

⑤ 总平面设计。

a. 运动场:田径场设 250 m 环形跑道(附 100 m 直跑道),篮球场 2 个,排球场 1 个,其他运动设施(面积 300 m²)。

b. 绿化用地(兼生物园地):300~500 m²。

3)图纸内容及要求

图纸要求 A1 图幅,表现方法自定,具体内容如下。

① 总平面图:1:500~1:1000。

② 首层平面图:1:300。

③ 其他各层平面图:1:300。

④ 立面图 2~3 个:1:300。

⑤ 剖面图 1~2 个:1:300。

⑥ 透视图或鸟瞰图:不少于 2 个。

⑦ 设计说明及技术经济指标。

4)进度安排

进度安排如表 6-6 所示。

表 6-6　进度安排

| 时间 | 课程内容 | 作业要求 |
|---|---|---|
| 第 1 周 | 理论教学 | 讲授理论课、查阅资料、参观、构思设计 |
| 第 2 周 | 草模 | 推敲方案及草模 |
| 第 3 周 | 一草 | 形成第一次草图 |
| 第 4 周 | 一草修改 | 修改一草,深入方案 |
| 第 5 周 | 二草 | 形成第二次草图 |
| 第 6 周 | 细部设计 | 结合功能、外立面造型及形体,深入推敲方案,完成细部设计 |
| 第 7 周 | 制模 | 模型制作 |
| 第 8 周 | 集中上版 | 上版,完成正图 |

5）评分标准

① 效果图及图面表达,25%。

② 各层平面功能及空间关系,30%。

③ 各立面图,20%。

④ 各剖面图,10%。

⑤ 总平面图,10%。

⑥ 设计说明及经济技术指标,5%。

6）参考书目

①《民用建筑设计通则》(GB 50352—2005)。

②《中小学校设计规范》(GB 20099—2011)。

③《建筑设计防火规范》(GB 50016—2014)。

④《建筑设计资料集》编委会编《建筑设计资料集(第二版)》第 3 集,中国建筑工业出版社出版。

⑤ 张宗尧、赵秀兰主编《托幼、中小学校建筑设计手册》,中国建筑工业出版社出版。

⑥ 张宗尧、赵秀兰主编《中小学建筑设计》,中国建筑工业出版社出版。

⑦《建筑学报》杂志。

7）地形图

地形图如图 6-4 所示。

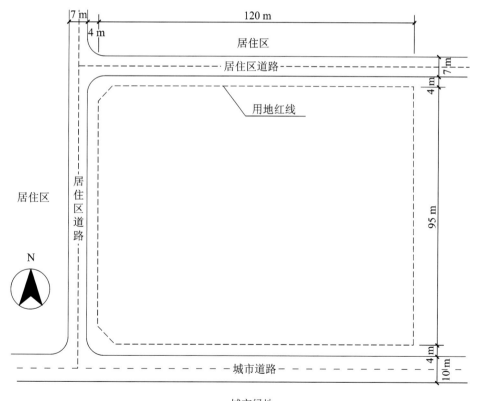

图 6-4　地形图

# 6.4 作业范例及评析

**1. 12班中学设计一（2014级城乡规划专业，韦宗琪）**

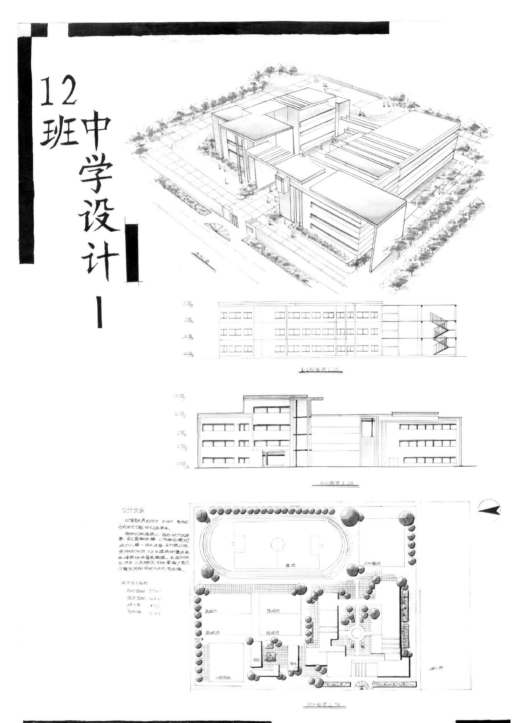

Design for middle school

# 12班中学设计Ⅱ

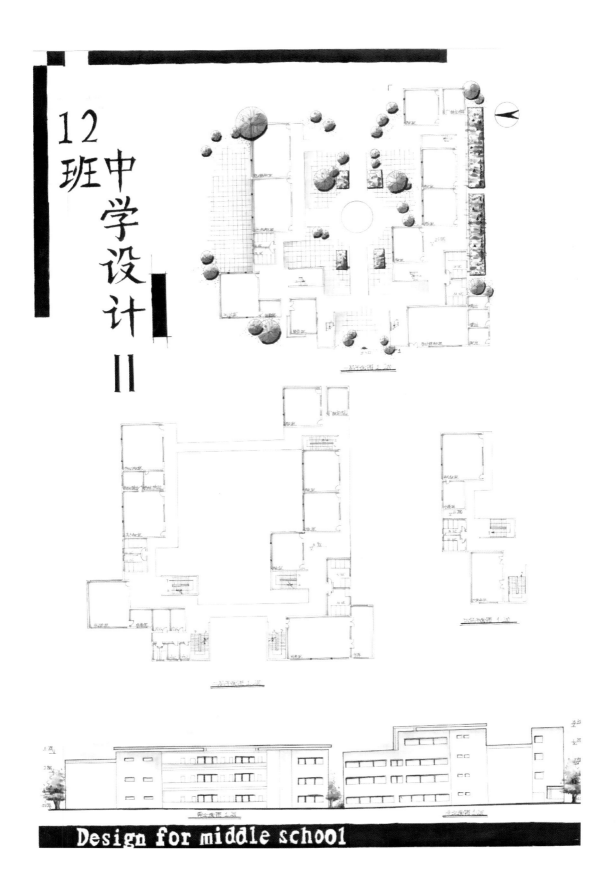

**Design for middle school**

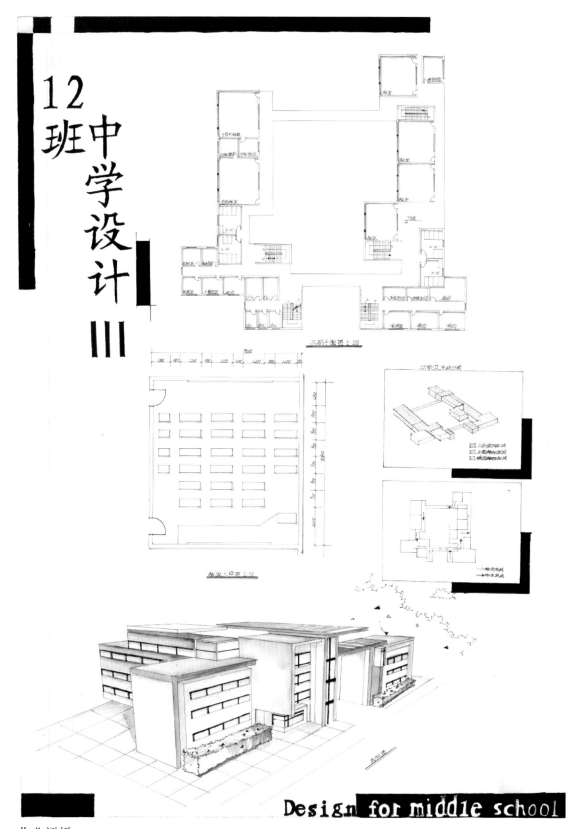

12班中学设计Ⅲ

Design for middle school

作业评析:

该作业总图布局合理,功能分区明确,空间形态组合符合中小学建筑特征,唯在图面表现上稍显苍白。

**2．12 班中学设计二（2014 级城乡规划专业，杨成航）**

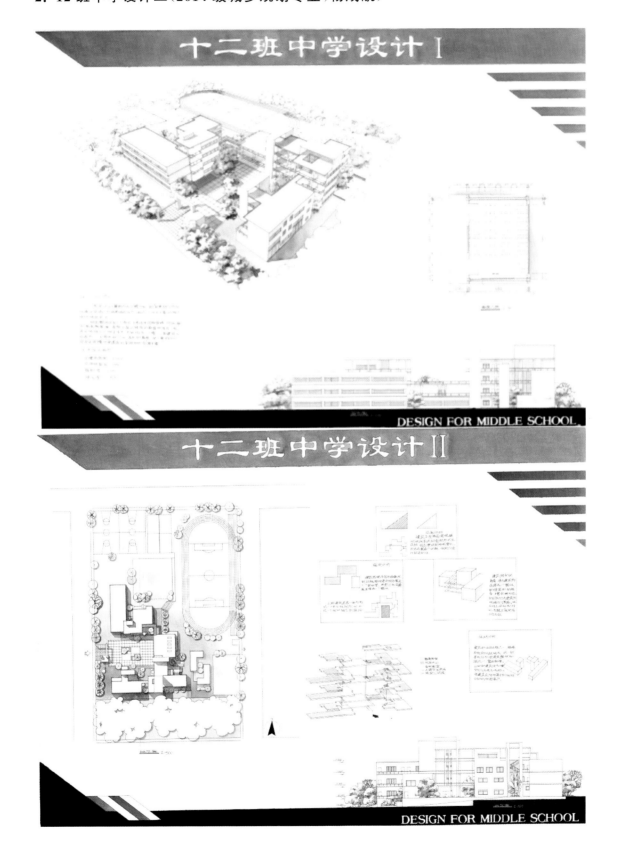

十二班中学设计 III

DESIGN FOR MIDDLE SCHOOL

十二班中学设计 IV

DESIGN FOR MIDDLE SCHOOL

作业评析:

该作业空间组织有序,分析基本到位,图纸版面布局美观。

### 3. 12 班中学设计三（2014 级城乡规划专业，杨鸿菲）

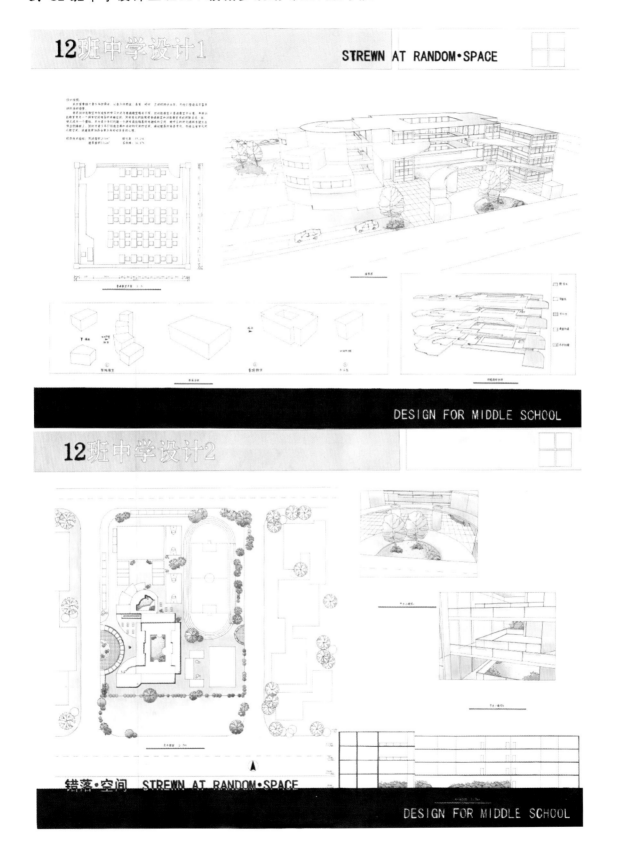

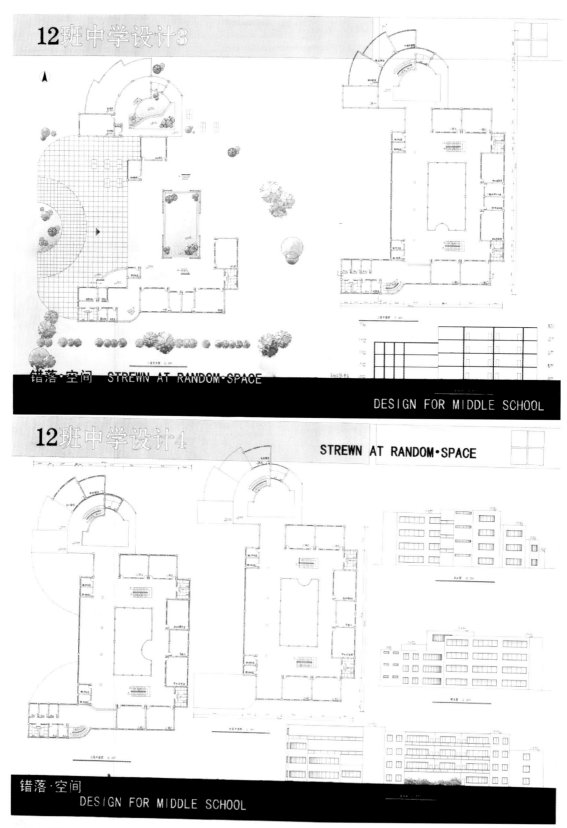

作业评析：

该作业校园功能分区明确，建筑平面布局合理，空间比例关系略有失调。

**4. 12 班中学设计四（2015 级城乡规划专业，罗佳）**

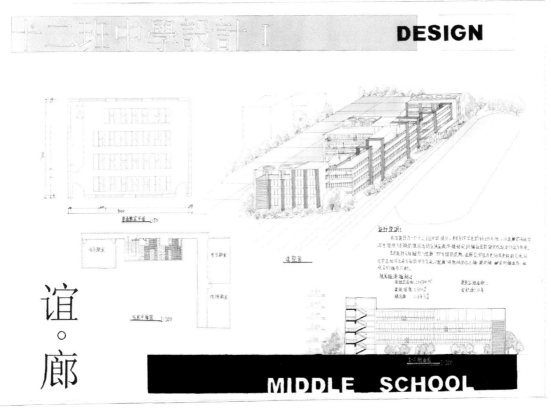

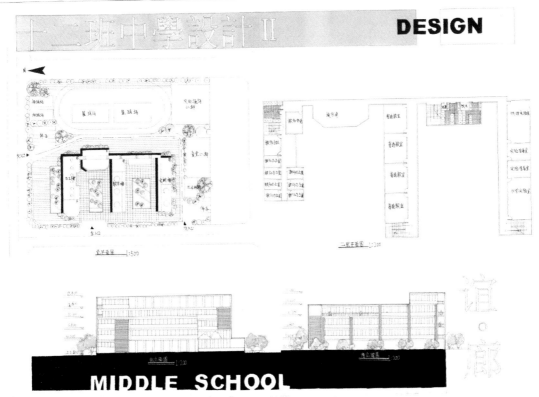

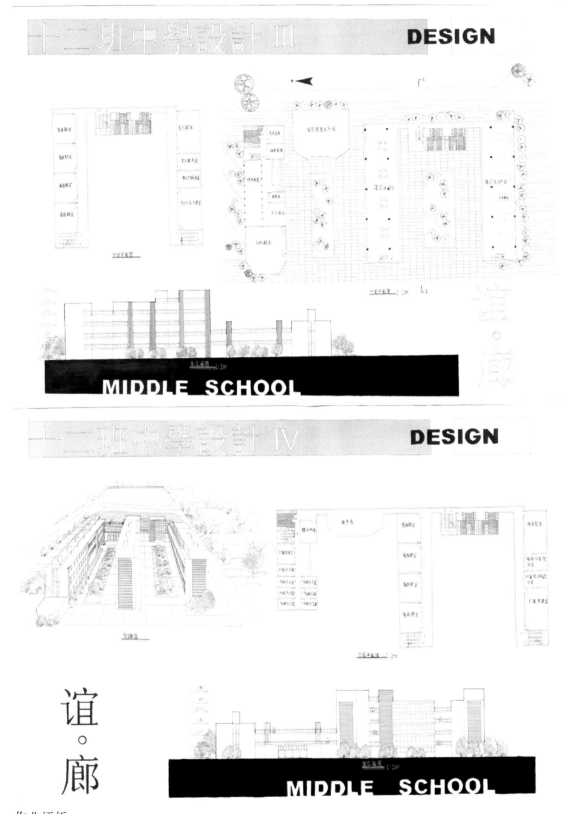

作业评析：

该作业校园功能分区明确，图纸版面布局合理，色彩淡雅，但欠缺对建筑形态、空间以及交通流线的分析。

### 5．12 班中学设计五（2015 级城乡规划专业，邰维九）

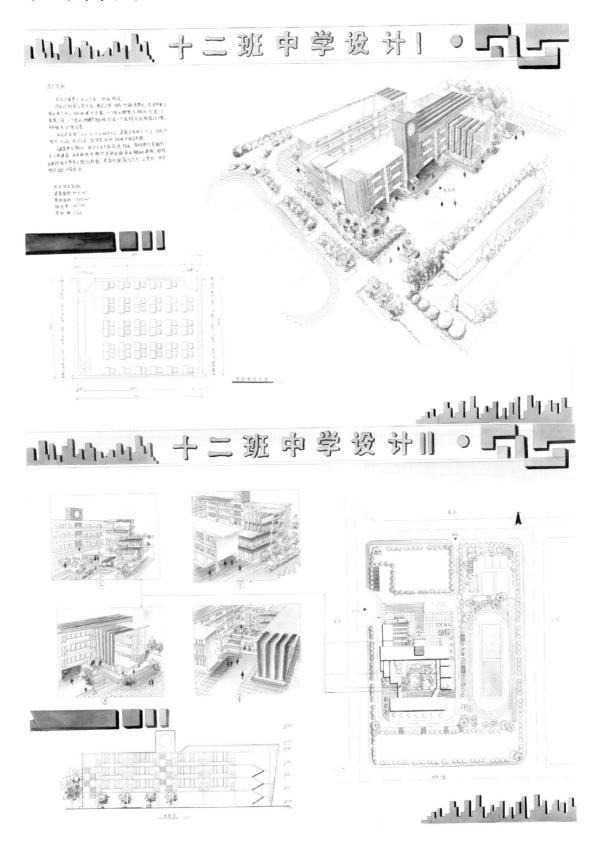

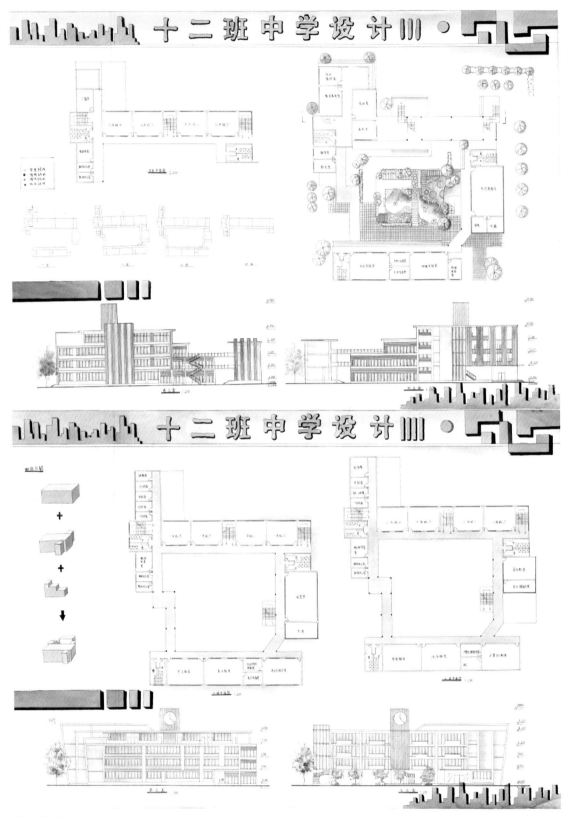

作业评析：

该作业校园功能分区明确，空间组织有序，图纸版面布局合理，色彩素雅。

**6. 18 班中学设计（2014 级建筑学专业，吴思媛）**

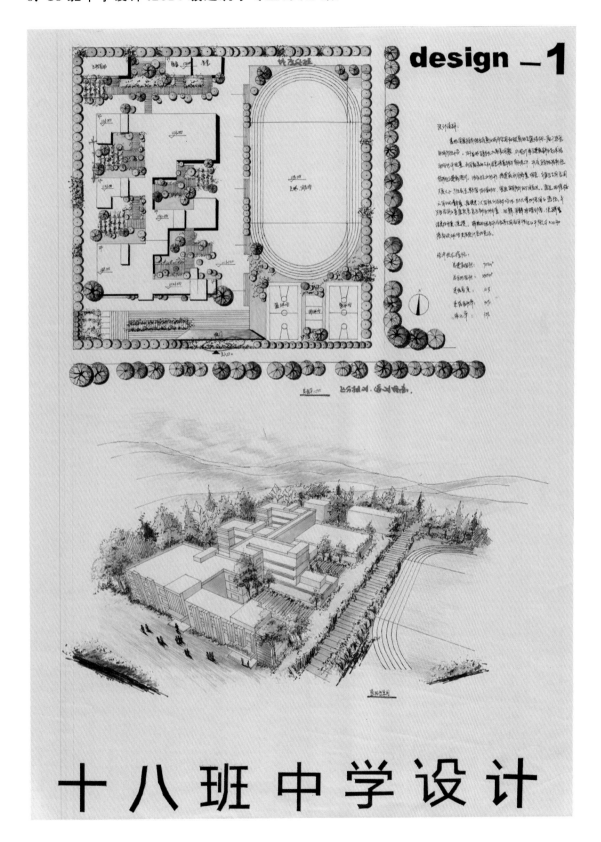

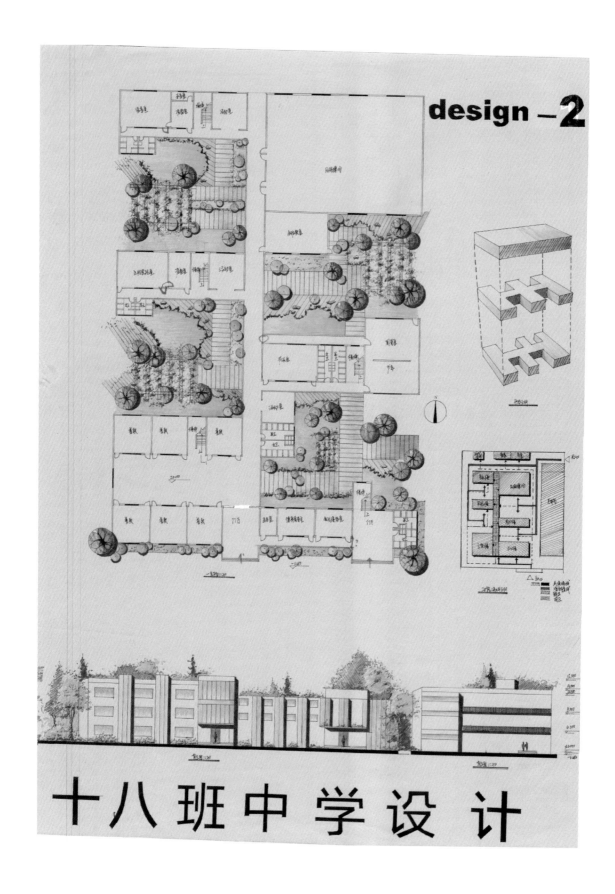

design－2

十八班中学设计

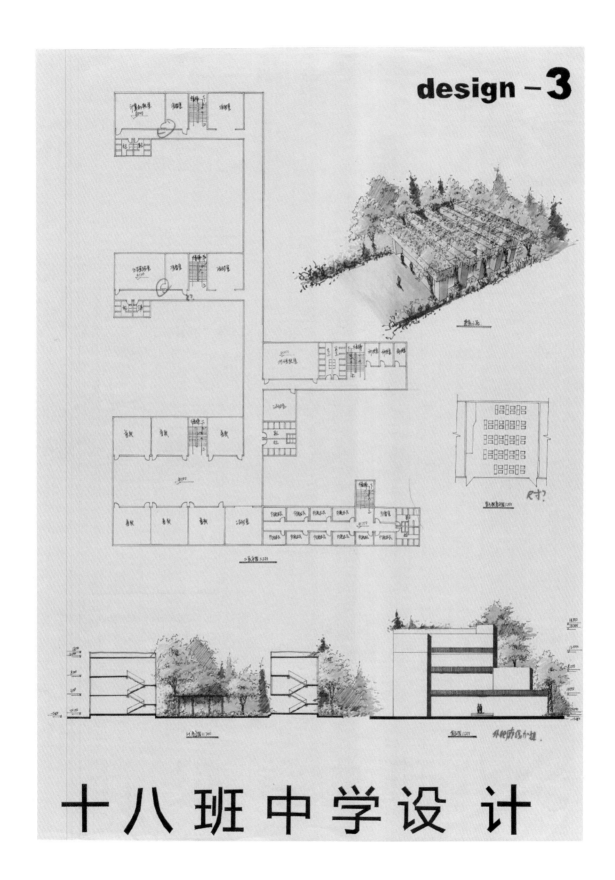

design – **3**

# 十八班中学设计

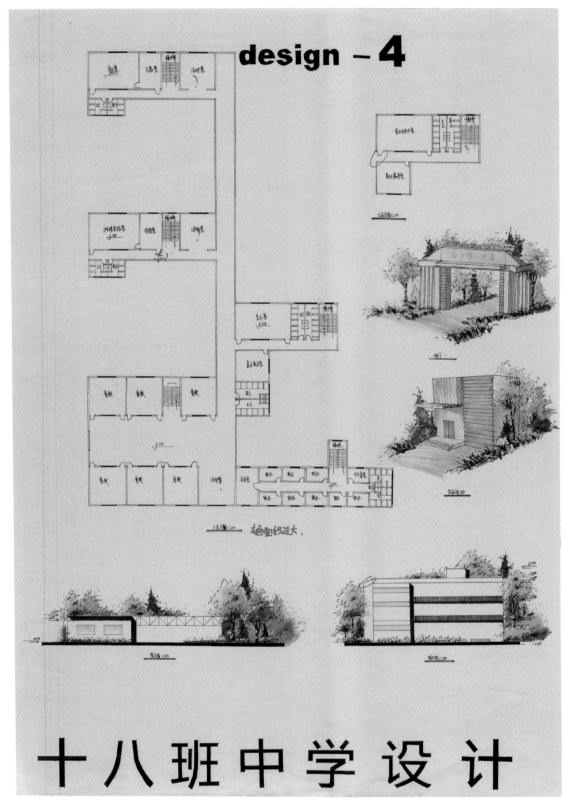

作业评析:

该作业校园功能分区合理,图纸有一定的表现力,建筑平面设计细节不够。

# 第 7 章 文化馆建筑设计

文化馆是国家设立的开展社会宣传教育、普及科学文化知识、组织辅导群众文化艺术活动的综合性文化事业机构和场所。我国的文化馆产生和发展的历史较短,究其起源,要追溯到民国初期的教育馆。教育馆是由讲演所、图书馆、公共体育场等合并而成的综合性的社会教育机构。新中国成立后,党和国家对群众文化教育非常重视,随着国民经济的恢复和发展,新建立了一大批文化馆。文化馆的发展历程一直伴随着新中国成长的脚步。文化馆为发展社会主义文化、满足人民群众日益增长的精神文化需求、推动社会主义物质文明和精神文明协调发展、推动社会进步和经济发展,提供了智力支持和思想保证,并作出了不可替代的重要贡献。文化馆是社会主义现代化事业重要的组成部分,是中国特色社会主义文化事业的重要组成部分。

## 1. 文化馆的作用

① 举办各类展览、讲座、培训等,普及科学文化知识,开展社会教育,提高人民群众的文化素质,促进当地精神文明建设。

② 组织开展丰富多彩、群众喜闻乐见的文化活动,开展流动文化服务,指导群众业余文艺团队建设,辅导和培训群众文艺骨干。

③ 组织并指导群众文艺创作,开展群众文化工作理论研究。

④ 收集、整理、研究非物质文化遗产,开展非物质文化遗产的普查、展示、宣传活动,指导传承人开展传习活动。

⑤ 建成全国文化信息资源共享工程基层服务点,开展数字文化信息服务。

⑥ 指导本地区老年文化、老年教育、少儿文化工作。

⑦ 开展对外民间文化交流。

由此看来,文化馆在地区文化建设中担负着很繁重的组织、指导、辅导和服务工作,以及一些专业的具体工作。而且,随着社会的进步和改革的深入,文化馆的职能尚在不断转变和丰富之中。

## 2. 文化馆建筑的特征

① 多样性。由于人民群众对文化生活、文化艺术的要求是多种多样的,所以文化馆建筑的功能应与活动内容相适应。一般文化馆内设置文化、娱乐、宣传、学习辅导等多种设施,具有较强的综合性。

② 多用性。由于文化馆建筑的综合性,其内部空间所承担的活动项目种类繁多。为适应多种使用要求,建筑空间均具备多用性和灵活性,实现一个房间多种用途的综合利用。

③ 地域性。文化馆建筑与其所处地区的自然环境、社会环境、风俗习惯等都有着特别密切的关系。各地的文化、习俗、民族、生活水平、教育水平等因素都不一样,因而文化馆建筑的地域性非常突出,在建筑内容、建筑造型、艺术处理上都应该得到充分的体现。

# 7.1 设计原理

## 1. 文化馆基地选择

### 1）基地选择

文化馆基地应设在区域的繁荣地段,有各种文化、娱乐、商业等设施,往来人流量大,更能吸引人们参加到文化馆的各项文化活动中,发挥文化馆的社会效益。

### 2）便捷的交通

文化馆是面向整个区域的,如果交通方便,就为周围人员来参加文化馆的活动提供了可能。

### 3）宽阔的馆前广场

文化馆的馆前广场不仅能组织人流,也是进行室外活动的重要场所。文化馆的馆前广场应考虑停车面积,以及提供停放自行车的场所和残疾人车位。

### 4）良好的景观条件

文化馆应有良好的室外环境,应选择环境优美的地区,并应尽量避开噪声大、有污染的场所。绿水环绕着建筑,周围柳树成荫,这样的文化馆无疑会成为人们最爱去的地方。

## 2. 总平面组成内容

文化馆建筑的基地总平面一般包括下述四个用地组成部分。

### 1）建筑入口广场

建筑入口广场的主要作用是组织人流和车流的通畅集散,并创造优美而富有吸引力的城市开放空间环境。

### 2）建筑庭院用地

建筑庭院用地的作用是提供室内外主要活动空间,并创造富有特色和魅力的建筑形象。

### 3）室外活动场地

室外活动场地是用于组织各种室外休憩、娱乐和小型体育活动的场地。

### 4）辅助用房

辅助用房是内部业务和职工生活辅助用地部分,用于安排仓库、车库和其他设备辅助用房等,还可包括职工宿舍、食堂等生活用房所需的用地。

## 3. 总平面布置的基本要求

### 1）功能分区明确

上述四部分用地范围在总平面布置时都应有明确的界定关系。明确的功能分区要达到两个目的:第一,要使得馆内观众流线、工作人员流线、货物车辆流线互相明确,互不干扰;第二,要使得四个部分用地发挥其特性,满足和丰富文化馆的内容。

### 2）组织有效的人、车交通流线

文化馆的馆前广场是人流和车流交通的主要集散场地,车流有办公用车、剧场专用车、消防车、货车、自行车等。流线规划时需解决人流和车流的交通问题,使得人流与车流之间,不同性质车流之间不产生交叉或干扰。一般基地要求场地内至少应设2个或2个以上出入口:一个是主要出入口,供来馆活动的主要人流使用;另一个是次要出入口,可供观演等部分散场人流集中疏散和内部工作人员及后勤供应车流出入使用。

3)创造优美的城市空间环境

总平面规划时,应充分考虑建筑的立面与相邻建筑所形成的城市空间形态,以及建筑立面本身轮廓线形成的景观所产生的视觉效果。因此,总平面规划设计必须重视和把握基地所处的城市空间环境及自然环境对建筑实体形态与尺度的总体影响。

4)应使建筑室内外活动空间的功能相联系

基地内室外活动空间应成为室内空间的有机延伸部分。如室外运动场地可成为健身房的延伸,室外儿童游戏场可成为少年儿童活动室的延伸,室外露台或庭院可成为小卖部和茶室等休息空间的延伸等。总之,要使室内外活动空间连成有机的整体。

5)应尽量避免场内活动噪声对周边建筑环境产生的不良影响

当基地周边有对环境安静度要求较高的建筑,如医院、住宅、幼儿园等,在总平面规划中应采取适当的防噪声措施。将噪声较大的观众厅、歌舞厅、排练厅等活动用房,尽可能布置在远离上述建筑的位置。

### 4. 总平面布置的基本形式

文化馆是人民群众活动的主要公共场所,在平面布局上要尽量提供一个良好的室外活动环境。文化馆的平面随着基地条件、周围环境状况、文化馆的组成内容、规模,可以有不同的布局,主要包括以下几种方式(表 7-1)。

表 7-1 总平面布置基本形式

| 布局方式 | 示意简图 | 布局特点 | 总体特色 |
| --- | --- | --- | --- |
| 分散式 | | 各功能用房独立 | 绿化面积一般比较大,各独栋建筑与绿化相结合 |
| 集中式 | | 各功能用房相对集中、水平连接,功能用房上下叠合 | 文化馆所占面积较小,绿化紧张,各类用地紧张,间通过廊道联系,可形成庭院 |
| 混合式 | | 部分用房集中,部分用房分离,大容量、大流量用房单独放置或置于底层 | 用地面积也较小,可兼具绿化与庭院 |

注:图片选自胡仁禄主编的《休闲娱乐建筑设计》(第二版)。

1) 分散式布局

分散式可以由独立的功能用房组合而成,或者通过廊、室外台阶和绿地等联系在一起。每个功能用房都有自己单独的出入口,并可根据需要进行扩建。

分散式布局具有以下优点。

① 每个功能用房都可独立发展,相互制约小。

② 每个功能用房相互干扰少,能做到动静分区明确,并有利于通风、采光。

③ 不受地形限制,建设非常灵活。

分散式布局的缺点如下。

① 由于分散,占地较大。

② 建筑分散,对于建筑造型的设计存在制约。

2) 集中式布局

集中式是把各种功能用房安排于一幢整体建筑中。集中式分为水平集中式、竖向集中式、混合集中式等几种组合。

(1) 水平集中式布局

水平集中式布局是指把文化馆中主要功能用房,如多功能厅、游艺、交谊等,根据功能需要分别设置,但将辅助用房或廊道、庭院等插于其中。水平集中式布局的用地较分散式的紧凑,能使建筑用房与庭院绿化相互交融。

(2) 竖向集中式布局

竖向集中式布局适用于城市中心区的狭小地段。由于受基地条件限制,建筑只能向高空中发展,通常把人流量大、使用频率高的用房放于底层,而把其他用房叠加其上。垂直交通主要是楼梯、电梯及自动扶梯等。

3) 混合集中式布局

这种方式具有水平集中式和竖向集中式的优点,灵活性大,把大流量、大空间的用房置于底层,其他功能的用房则做竖向布置。

综上,总平面设计需满足下列要求。

① 功能分区合理,组织合理的人流和车流交通流线。

② 各用房之间需有密切的联系,但是当各房间独立使用时,不互相干扰。

③ 根据使用要求,基地至少设置 2 个出入口,且主入口应留出缓冲距离。

④ 设置机动车与非机动车停车场,以及残疾人停车场。

⑤ 文化馆的庭院设计,应结合地貌、建筑形态的需要,布置适当的室外休息场地、绿化场地、景观小品等,形成优美的室外空间。

## 5. 功能组成和各类用房使用要求

文化馆建筑的组成一般包括观演用房、游艺用房、交谊用房、展览用房、阅览用房、学习辅导用房、专业工作室、行政用房、管理用房、辅助用房、开放性公共空间等,具体关系如图 7-1 所示。由于各个地方的经济水平、文化水平、民俗特点不同,文化馆建筑的组成也有所差别。下面详细讲解各组成部分的具体特点。

1) 观演用房

观演用房应包括门厅、观众厅、休息厅、卫生间、舞台、化妆室、放映室等。观演用房主要供业余文化艺术团体的排演、调演、汇演和观摩交流演出活动使用,也可以供群众集会、举办各种讲座和报告会或放映电影录像等使用。作为整个文化馆中使用率最高的场所之一,也是容纳人员数量最多的房间之一,观

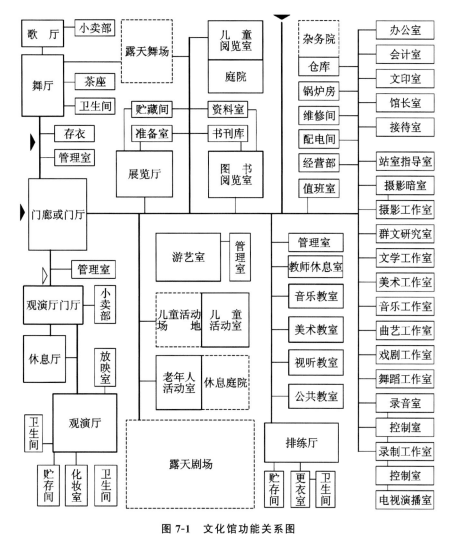

**图 7-1　文化馆功能关系图**

注:图片选自建筑设计资料集(第二版),中国建筑工业出版社出版。

演用房的设计应满足以下几点要求。

① 观演用房宜布置在1～3层的位置,根据消防防火规范及人流密集程度,不宜放在过高楼层或者地下。

② 观演用房最好设置单独的出入口,出入口应比较独立,临近主干道,或者与文化馆的馆前广场连接,形成宽阔的聚散空间。

③ 观演用房疏散的人流流线应注意与文化馆的主要出入口相分离。

2) 游艺用房

游艺用房是供群众开展各种室内游戏和技艺活动的空间,一般包括大、中、小游艺室,老人活动室、儿童活动室等。由于参与活动者年龄、职业、性格特征、文化水平和兴趣爱好不同,以及各种游艺活动具有的特点不同,该部分用房空间的大小、形状和环境要求也很不一致。设计时应注重其空间的通用性,以适用不同游艺活动的使用空间需求。游艺用房一般布置桌球室、电子游戏室、棋牌室等。在平面布局时应考虑能对外经营。

桌球室和电子游戏室主要是青少年娱乐的场所,根据青少年精力充沛和爱好娱乐的特点,游艺用房可以放在楼上,电子游戏室面积应适当大一些。要根据不同的娱乐方式进行平面布置。

棋牌室的主要活动对象为老年人,根据老年人的身体特点,棋牌室放在较低楼层为宜,并有安静的环境与良好的朝向。由于进行棋牌游戏时容易发出声音,在视线上也容易受到干扰,所以在空间上应当设置适当的隔断。棋牌室部分家具尺寸如图 7-2 所示。

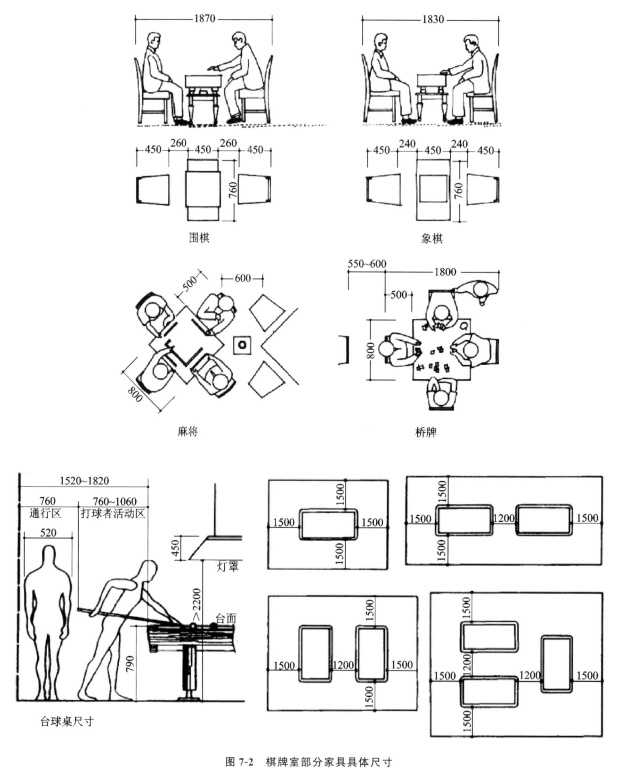

图 7-2　棋牌室部分家具具体尺寸
注:图片选自建筑设计资料集(第二版),中国建筑工业出版社出版。

3) 交谊用房

交谊用房包括歌厅、舞厅、茶室、办公室、卫生间、存衣间等。交谊用房应设置独立的对外出入口和各自配套的管理及辅助用房,以便建筑的其他部分停用时仍可以正常对外开放。

舞厅是交谊用房的核心,也是活动的主要场所。关于舞厅的建筑面积,《建筑设计资料集》中的建议值为活动面积 2 m²/人,且应该设置供人休息的座椅,坐席一般安置在舞厅入口的附近,座椅数应占舞厅人数的 80% 以上。舞厅应有独立的出入口并最好面临城市干道。舞厅应向多功能方向发展,这样才能真正成为群众自娱自乐的场所。舞厅内须设置饮料、吧台及相应设施,也可利用毗邻的咖啡厅。舞厅还应有卡拉 OK 设备,一定数目的包厢和小型乐队演出的平台。舞厅实例平面形式如图 7-3 所示。

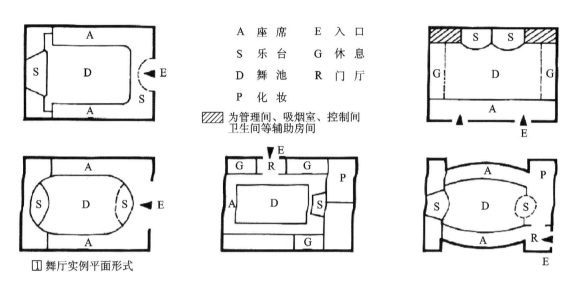

① 舞厅实例平面形式

图 7-3  舞厅实例平面形式

注:图片选自建筑设计资料集(第二版),中国建筑工业出版社出版。

4）展览用房

展览用房包括展览厅、展览廊等,其使用功能应以展出文化艺术作品为主,如美术、书法、摄影等,亦可兼作政教宣传或科技、商业产品展出之用。展览用房在空间的设计上应该设置较为宽阔的开敞空间,且房间内部不宜大面积开窗采光,以免影响展品的展出。小型文化馆建筑面积有限,展览用房也可以结合建筑门厅或休息空间进行设置。

5）阅览用房

阅览用房是人民群众进行文化学习的主要场所,由图书阅览室、期刊阅览室、儿童阅览室和书库等组成。阅览用房在平面布局时一般以书架为枢纽来组织空间,这样便于管理和节省书库的面积。通过调查,文化馆中的阅览室主要是以期刊资料阅览为主,为了方便读者的出入,期刊阅览室可与图书阅览室分开设立;为便于儿童单独出入和与室外儿童活动场地相联系,儿童阅览室一般置于文化馆的底层。

（1）图书阅览室设计原则

① 图书阅览室要求有安静的阅览环境和良好的自然通风及采光条件。图书阅览室的窗地比为 1/4～1/6 较为适宜。

② 为了交通便利和方便书架的摆放,图书阅览室里尽量不要设置柱子。

③ 图书阅览室净高以 3～6 m 为宜。

（2）期刊阅览室设计原则

期刊阅览室布置平面时,一般在入口处布置管理台,室内一侧是报纸阅览空间,另一侧是靠墙面布置陈列架的期刊阅览空间。这种布局便于管理人员了解阅览室的整体情况,但也要注意解决以下两个问题：

① 采光问题。期刊阅览室要求最好是自然采光和通风,阅览室开间比较大,一般都要做两侧采光。陈列架靠墙设置时,采光会受到一定的影响,可用开高侧窗的形式予以解决。

② 布置问题。对于面积不大的期刊阅览室,陈列架一般都依靠于墙面,这样既便于通行,又使整个空间完整。但不足的是减少了采光面。

（3）儿童阅览室

儿童阅览室主要供学龄儿童使用,在平面布局上要有独立的出入口,并与室外儿童游乐场地相连。儿童阅览室最好是自然光且光线要充足,家具的尺寸应符合儿童的身体高度。阅览室的空间设计可根据儿童的心理特征,布局灵活多变一些,家具可以用明亮的颜色。儿童的特征就是好动,看书时常发出声音,为防止对周围用房产生干扰,可适当采取一些隔离措施。

图书、期刊阅览室的布置如图 7-4 所示,儿童阅览室家具布置示意如图 7-5 所示。

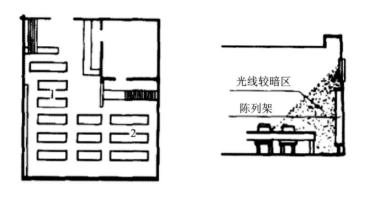

**图 7-4　图书、期刊阅览室布置**

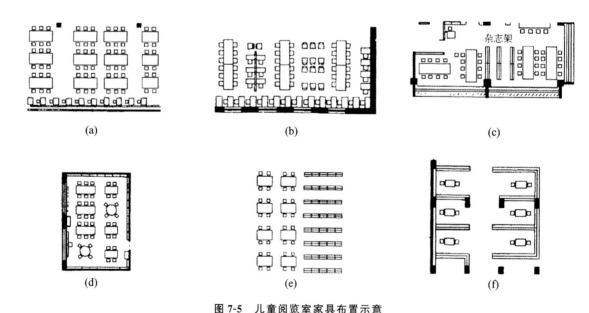

**图 7-5　儿童阅览室家具布置示意**

(a)(b)阅览室用桌的配置;(c)杂志阅览室;(d)(e)(f)书架与阅览桌的关系

注:图 7-4、图 7-5 均选自吴德基编著的《观演建筑设计手册》,中国建筑工业出版社出版。

**6) 学习辅导用房**

学习辅导用房包括综合排练厅、普通教室、各类专业教室等,也可设小报告厅。

（1）综合排练厅

综合排练厅是多功能的学习辅导用房。在功能上它要满足舞蹈排练、戏曲和器乐演奏等活动的练习与辅导,有的文化馆的综合排练厅还兼作美术教室之用。综合排练厅包括贮存间、更衣间、卫生间和排练厅等。综合排练厅用于音乐排练时,对周围房间会产生很大的干扰,而它在进行音乐示范时却要求安静。

综合排练厅可位于观演用房的舞台后部,这样排练厅与化妆间、舞台等联系方便,也可以脱离主体建筑单独修建。

综合排练厅的设计要求如下。

① 综合排练厅在功能上还应考虑满足观演用房演出前的练习或彩排需要。

② 排练厅的净高不低于 3.8 m。如果排练厅要考虑歌舞剧排练或京剧武戏表演时,厅净高分别不低于 4.5 m、6 m。

③ 为了便于舞蹈者在练习时可以看见自身的运动情况,应在排练厅的一个整片墙面的适当高度满装镜子。镜子下边距地 20～50 cm,镜子高 2～2.5 m,其他三边距墙 50 cm,距顶 70～120 cm,墙面应设置舞蹈者练功用的把杆。因为排练厅里既有成年人又有儿童在此练习,因此把杆应设有 2 种不同高度,成年人一般要求 90～120 cm,儿童则要求为 70～90 cm,如果条件允许,可设能调节高度的把杆。

④ 排练厅要求能自然通风和采光,窗台的高度为 1.8 m。

⑤ 辅助用房设计时应注意:

a. 排练厅需要用钢琴,为方便钢琴进出,门的宽度不应小于 1.5 m。

b. 应考虑设置男、女更衣室和卫生间。

c. 应设置乐器库,应有足够大的面积,便于把平时不用的各种乐器贮存起来。

(2) 普通教室

普通教室可参照《中小学校设计规范》(GB 50099—2011),每班约 40 人,每座使用面积应不小于 1.4 m²,为了方便使用,应具备各种现代化教学器具,如幻灯机、投影仪、电脑、电视等。合班教室的平面形式及座位布置如图 7-6 所示。

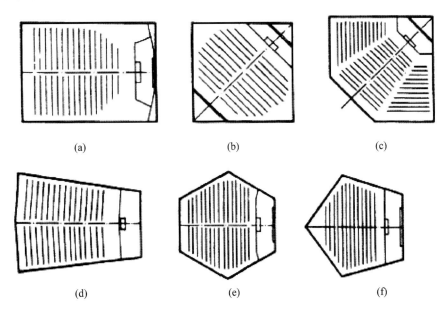

(a)　　　　　　　　　(b)　　　　　　　　　(c)

(d)　　　　　　　　　(e)　　　　　　　　　(f)

图 7-6　合班教室的平面形式及座位布置

注:图片选自胡仁禄编著的《休闲娱乐建筑设计》(第二版),中国建筑工业出版社出版。

(3) 各类专业教室

各类专业教室的教学使用要求很不相同,设计应该满足其特殊要求。如美术、书法教室首先应保证教室内有充足的自然采光,采光窗以北向侧窗为佳,也可以采用天窗采光,有利于丰富写生物体的明暗变化层次和阴影效果,室内要避免阳光直射,所以要避免东、西、南三面开窗。美术、书法教室的平面设置如图 7-7 所示。

语言教室的空间组成应包括准备室、学生换鞋处、控制台等。控制台应设置在教室的前部,不宜单独设在控制室或准备室内,座位排列应遵照相应的设计规范要求。

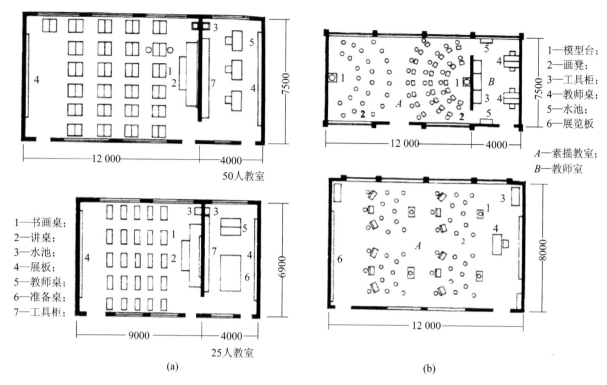

**图 7-7  美术、书法教室平面设置**

(a)美术、书法教室；(b)分组素描课教室

注：图片选自胡仁禄编著的《休闲娱乐建筑设计》(第二版)，中国建筑工业出版社出版。

语音教室和计算机教室的平面布置分别如图7-8、图7-9所示。

1—控制室；2—准备室；3—录音室；4—换鞋处

**图 7-8  语言教室平面设置**

(a)语言教室的座位布置；(b)语言教室房间组成的布置

注：图片选自胡仁禄编著的《休闲娱乐建筑设计》(第二版)，中国建筑工业出版社出版。

7）专业工作室

专业工作室包括暗室、录音室、摄影室、戏曲工作室、音乐室、舞蹈创作室等。不同专业的工作室有不同的工作环境要求，其室内设计应满足各项特殊技术要求，可参照有关技术规定执行，在此不再详述。

8）行政、管理及辅助用房

行政、管理及辅助用房包括馆长室、办公室、文印打字室、会计室、接待及值班室、职工食堂、车库、宿

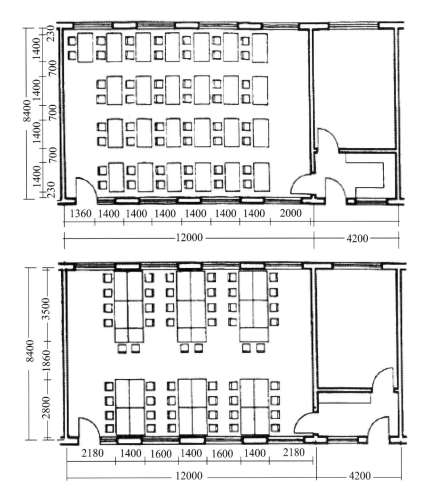

**图 7-9　计算机教室平面设置**

注：图片选自胡仁禄编著的《休闲娱乐建筑设计》(第二版)，中国建筑工业出版社出版。

舍、锅炉房、浴室等。它们在建筑整体布局中的位置应该处于对外联系方便和对内管理灵活的部位。

9)开放性公共空间

任何一项公共建筑设施，除了各种活动使用的用房外，还必须提供足够的公共空间，主要包括门厅、休息厅、走廊、楼梯等交通空间，用以满足人们休息、交流、交通联系等需求。

### 6. 功能组织的基本原则及关系

1)文化馆各组成部分的功能组织关系应遵循的原则

(1)合理的功能分区

首先功能分区上要处理好室内活动与室外活动之间的关系，在室内活动中也要注意各种活动用房之间"闹、动、静"的关系，比如歌舞厅、交谊厅和多功能厅应属于"闹"的一类，各类学习用房应属于"静"的一类，排练厅、游艺厅等属于"动"的一类。为了有利于三类活动用房均获得较为理想的室内活动环境，功能组织中应适当考虑这三类用房与相邻建筑及相邻城市干道之间的关系。图7-10体现了功能分区合理的基本原则，直观地表达了内外区别，以及"闹、动、静"三类活动实行分区的主要关系。同时，也体现了依照活动流线简捷的原则，将干扰大的集中活动用房置于邻近主要门厅和出入交通最为直接的部位，而将干扰较小的分散活动用房依次置于远离主要门厅和出入交通较为间接的部位。

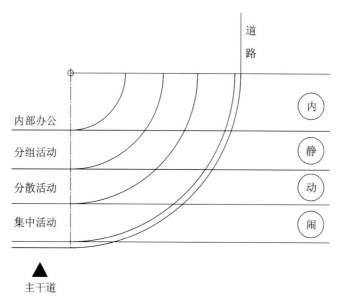

**图 7-10　活动分区与道路关系图**

注:图片选自胡仁禄编著的《休闲娱乐建筑设计》(第二版),中国建筑工业出版社出版。

（2）简捷的活动流线

文化馆内各种活动用房之间的交通流线呈现出集中与分散、有序与无序等各种状态。观演空间、学习辅导等属于集中而有序的房间,游艺空间、工作管理等属于分散而无序的房间,交谊空间为集中且无序的房间,展览空间属于分散且有序的房间,所以,在设计过程中,要区分各功能空间的人流特点,并据此作出布局安排。如集中有序的房间需要紧邻门厅,必要时可设单独出入口,以便捷的最短流线集散。集中无序的房间需要集中在独立区域,也可设单独的出入口,避免对其他部分产生交通干扰,如图 7-11 所示。

文化馆作为综合性的公共活动空间,每天都有大量的人流,这就要求设计时合理、科学地组织文化馆的内部流线,要做到动静环境的流线划分,以及要区分好行政管理人员和群众之间的流线,如图 7-12、图7-13 所示。

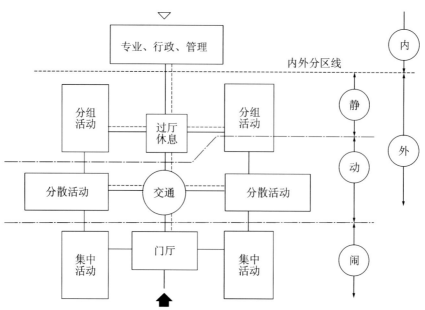

**图 7-11　文化馆功能使用要求示意**

注:图片选自胡仁禄编著的《休闲娱乐建筑设计》(第二版),中国建筑工业出版社出版。

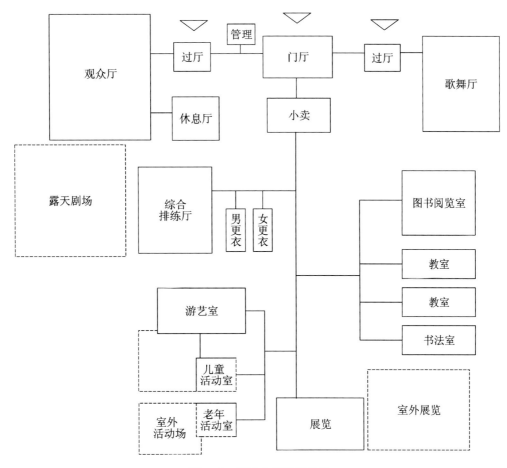

**图 7-12　活动人员流线示意**

注:图片选自吴德基编著的《观演建筑设计手册》,中国建筑工业出版社出版。

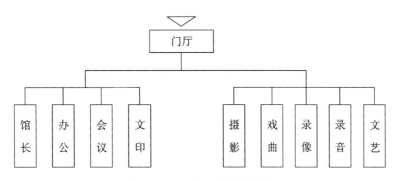

**图 7-13　工作人员流线示意**

注:图片选自吴德基编著的《观演建筑设计手册》,中国建筑工业出版社出版。

## 7.　文化馆的造型构思

文化馆建筑富有综合性、社会性、时代性,同时更具有群众性。它应具有很强的艺术性和地方性,还应是当地文化的象征和标志,也是一个对外的窗口,在艺术处理上应有自己的特色。

### 1)文化性与商业性

文化是建筑的基础。文化馆作为文化教育类建筑,造型上应结合当地建筑的地方特色,体形组合舒展大方、错落有致,结合绿化设施,逐步走向园林化,并通过色彩、质地、壁饰等塑造有文化内涵的建筑形体;还可以通过标志、广告、商店、咖啡店等表现出一定的商业性。

2）时代感与民族性

文化馆的建筑造型应力求创新,通过采用新的空间体型、材料、技术等,体现强烈的时代感。

公众要求文化馆的造型丰富多彩,运用现代的装饰意识、手段、手法及传统设计语汇,可以达到此项目的。现代的大型雕塑、大色块饰面等装修,能使文化馆呈现出戏剧性的效果。

文化馆建筑作为文化建筑,在体现时代感的同时,越来越倾向于反映地方性、民族性。其造型艺术通过吸取传统建筑特色,借鉴国际建筑,通过运用新材料、新技术,使建筑具有鲜明的民族风格和时代感。

3）传统性与地域性

科学技术的迅速发展,带领我们进入信息社会,在给我们带来方便快捷的物质文明之时,也带来了惊人的相似性。为了克服精神的失落和情感认同的危机,人们越来越倾向于呼唤传统文化的回归。文化馆作为折射群众文化的镜子,在形体设计上应通过对传统建筑和地方风格加以分析、吸收和运用,以满足不同区域群众的文化需要。其表现的手法是多种多样的。在研究传统建筑的基本要素和思想的基础上,以现代材料、施工技术为条件,按某种传统建筑的要素进行创作,并不完全遵照传统的法则、规定。在完全满足文化馆使用要求时,造型上也显现某种传统的意韵。对传统建筑符号、色彩的巧妙和有机地运用,是达到完善传统与现代情感艺术高度结合的重要手段。建筑符号就是运用符号学原理,对传统建筑或地方建筑的主要形式和部件加以抽象、简化、提炼。我国建筑经过几千年的发展,在色彩运用上形成了自己的特色,如朱赤的柱、黄绿色的琉璃瓦屋面、传统建筑的青砖灰瓦,等等。

# 7.2 设计规范:《文化馆建筑设计规范》(JGJ/T 41—2014)

## 1 总 则

1.0.1 为保证文化馆建筑设计质量,满足使用功能需求,符合安全、卫生、经济、适用、美观、绿色等基本要求,制定本规范。

1.0.2 本规范适用于新建、扩建和改建的各级文化馆的建筑设计,文化站、工人文化宫、青少年宫、妇女儿童活动中心可按本规范执行。

1.0.3 文化馆的建筑设计,应根据当地经济发展水平,服务人口数量,群众文化需求,地方特色,民族文化传统等因素,在满足当前适用的基础上,适当预留发展余地。

1.0.4 文化馆建筑设计除应符合本规范外,尚应符合国家现行有关标准的规定。

## 2 基 本 规 定

2.0.1 文化馆建筑设计应符合节约能源、环境保护的要求,并宜符合现行国家标准《绿色建筑评价标准》GB/T 50378 的有关规定。

2.0.2 文化馆设计应符合民族文化、传统习俗;环境设计、建筑造型及装饰设计宜突出当地文化特色。

2.0.3 文化馆建筑的室外活动场地和建筑物的安全设计应包括防火、防灾、安防设施、通行安全、环境安全等,且防火应符合现行国家标准《建筑设计防火规范》GB 50016 的规定。

2.0.4 文化馆建筑的抗震设计应符合现行国家标准《建筑抗震设计规范》GB 50011 的有关规定。

2.0.5 文化馆建筑应进行无障碍设计,并应罚合现行国家标准《无障碍设计规范》GB 50763 的有关规定。

## 3　选址和总平面

### 3.1　选　　址

3.1.1　文化馆建筑选址应符合当地文化事业发展和当地城乡规划的要求。

3.1.2　新建文化馆宜有独立的建筑基地,当与其他建筑合建时,应满足使用功能的要求,且自成一区,并应设置独立的出入口。

3.1.3　文化馆建筑选址应符合下列规定:

1　应选择位置适中、交通便利、便于群众文化活动的地区;

2　环境应适宜,并宜结合城镇广场、公园绿地等公共活动空间综合布置;

3　与各种污染源及易燃易爆场所的控制距离应符合同家现行有关标准的规定;

4　应选在工程地质及水文地质较好的地段。

### 3.2　总　平　面

3.2.1　文化馆建筑的总平面设计应符合下列规定:

1　功能分区应明确,群众活动民宜靠近主出入口或布置在便于人流集散的部位;

2　人流和车辆交通路线应合理,道路布置应便于道具、展品的运输和装卸;

3　基地至少应设有两个出入口,且当主要出入口紧邻城市交通干道时,应符合城乡规划的要求并应留出疏散缓冲距离。

3.2.2　文化馆建筑的总平面应划分静态功能区和动态功能区,且应分区明确、互不干扰,并应按人流和疏散通道布局功能区。静态功能区与动态功能区宜分别设置功能区的出入口。

3.2.3　文化馆应设置室外活动场地,并应符合下列规定:

1　应设置在动态功能区一侧,并应场地规整、交通方便、朝向较好;

2　应预留布置活动舞台的位置,并应为活动舞台及其设施设备预留必要的条件。

3.2.4　文化馆的庭院设计,应结合地形、地貌、场区布置及建筑功能分区的关系,布置室外休息活动场所、绿化及环境景观等,并宜在人流集中的路边设置宣传栏、画廊、报刊橱窗等宣传设施。

3.2.5　基地内应设置机动车及非机动车停车场(库),且停车数量应符合城乡规划的规定。停车场地不得占用室外活动场地。

3.2.6　当文化馆基地距医院、学校、幼儿园、住宅等建筑较近时,室外活动场地及建筑内噪声较大的功能用房应布置在医院、学校、幼儿园、住宅等建筑的远端,并应采取防干扰措施。

3.2.7　文化馆建筑的密度、建筑容积率及场区绿地率,应符合国家现行有关标准的规定和城乡规划的要求。

## 4　建　筑　设　计

### 4.1　一　般　规　定

4.1.1　文化馆建筑的规模划分应符合表 4.1.1 的规定。

表 4.1.1　文化馆建筑的规模划分

| 规模 | 大型馆 | 中型馆 | 小型馆 |
|---|---|---|---|
| 建筑面积/m² | ≥6000 | <6000,且≥4000 | <4000 |

4.1.2　文化馆建筑宜由群众活动用房、业务用房和管理及辅助用房组成,且各类用房可根据文化馆的规模和使用要求进行增减或合并。

4.1.3　文化馆各类用房在使用上应具有可调性和灵活性,并应便于分区使用和统一管理。

4.1.4 文化馆的群众活动区域内应设置无障碍卫生间。

4.1.5 文化馆设置儿童、老年人的活动用房时,应布置在三层及三层以下,且朝向良好和出入安全、方便的位置。

4.1.6 群众活动用房应采用易清洁、耐磨的地面;严寒地区的儿童和老年人的活动室宜做暖性地面。

4.1.7 排演用房、报告厅、展览陈列用房、图书阅览室、教学用房、音乐、美术工作室等应按不同功能要求设置相应的外窗遮光设施。

4.1.8 文化馆各类用房的采光应符合现行国家标准《建筑采光设计标准》GB 50033 的有关规定。

4.1.9 文化馆用房的室内允许噪声级不应大于表 4.1.9 的规定。

**表 4.1.9 文化馆用房的室内允许噪声级**

| 房间名称 | 允许噪声级(A 声级) |
| --- | --- |
| 录音录像室(有特殊安静要求的房间) | 30 |
| 教室、图书阅览室、专业工作室等 | 50 |
| 舞蹈、戏曲、曲艺排练场等 | 55 |

4.1.10 文化馆内的标志标识系统设计应满足使用功能需要,并应合理设置位置,字迹应清晰醒目。

## 4.2 群众活动用房

4.2.1 群众活动用房宜包括门厅、展览陈列用房、报告厅、排演厅、文化教室、计算机与网络教室、多媒体视听教室、舞蹈排练室、琴房、美术书法教室、图书阅览室、游艺用房等。

4.2.2 门厅应符合下列规定:

1 位置应明显,方便人流疏散,并具有明确的导向性;

2 宜设置具有交流展示功能的设施。

4.2.3 展览陈列用房应符合下列规定:

1 应由展览厅、陈列室、周转房及库房等组成,且每个展览厅的使用面不宜小于 65 m²,小型馆的展览厅、陈列室宜与门厅合并布置;大型馆的陈列室宜与门厅或走廊合并布置;

2 展览厅内的参观路线应顺畅,并应设置可灵活布置的展板和照明设施;

3 宜以自然采光为主,并应避免眩光及直射光;

4 展览厅、陈列室的出入口的宽度和高度应满足安全疏散和搬运展品及大型版面的要求;

5 展墙、展柜应满足展物似护、环保、防潮、防淋及防盗的要求,并应保证展物的安全;

6 展墙、展柜应符合展览陈列品的规格要求,并应结构牢固耐用,材质和色彩应符合展览陈列品的特点;独立展柜、展台不应与地面固定;展柜的开启应方便、安全、可靠;

7 展览陈列厅宜预留多媒体及数字放映设备的安装条件;

8 展览陈列厅应满足展览陈列品的防霉、防蛀要求,并宜设置温度、湿度监测设施及防止虫菌害的措施;

9 展览厅、陈列室可按现行行业标准《博物馆建筑设计规范》JGJ 66 执行。

4.2.4 报告厅应符合下列规定:

1 应具有会议、讲演、讲座、报告、学术交流等功能,也可用于娱乐活动和教学;

2 规模宜控制在 300 座以下,并应设置活动座椅,且每也使用面积不成小于 1.0 m²;

3 应设置讲台、活动功黑板、投影幕等,并立配备标准主席台和贵宾休息室;

4 应预留投影机、幻灯机、扩声系统等设备的安装条件,并应满足投影、扩声等使用功能要求;声学

环境宜以建筑声学为主,且扩声指标不应低于现行国家标准《厅堂扩声系统设计坝范》GB 50371 中会议类二级标准的要求;

5　当规模较小或条件不具备时,报告厅宜与小型排演厅合并为多功能厅。

4.2.5　排演厅应符合下列规定:

1　排演厅宜包括观众厅、舞台、控制室、放映室、化妆间、厕所、淋浴更衣间等功能用房。

2　观众厅的规模不宜大于 600 座,观众厅的座椅排列和每座使用面积指标可按现行行业标准《剧场建筑设计规范》JGJ 57 执行。当观众厅为 300 座以下时,可将观众厅做成水平地面、伸缩活动桌椅。

3　当观众厅规模超过 300 座时,观众厅的座位排列、走道宽度、视线及声学设计、放映室及舞台设计,应符合国家现行标准《剧场建筑设计规范》JGJ 57 、《剧场、电影院和多用途厅堂建筑声学设计规范》GB/T 50356 的有关规定。

4　排演厅应配置电动升降吊杆、舞台灯光及音响等舞台设施。排演厅舞台高度应满足排练演出和舞台机械设备的安装尺度要求。

5　化妆间、淋浴更衣间等舞台附属用房应满足演出活动时演员的基本使用要求。

6　排演厅宜备剧目排演、审查及电影放映等多种用途;当设置一小型剧场或影剧院时,排演厅不宜再重复设置。

4.2.6　文化教室应包括普通教室(小教室)和大教室,并应符合下列规定:

1　普通教室宜按每 40 人一间设置,大教室宜按每 80 人一间设置,且教室的使用面积不应小于 1.4 m²/人;

2　文化教室课桌椅的布置及有关尺寸,不宜小于现行国家标准《中小学校设计规范》GB 50099 有关规定;

3　普通教室及大教室均应设黑板、讲台,并应预留电视、投影等设备的安装条件;

4　大教室可根据使用要求设为阶梯地面,并应设置连排式桌椅。

4.2.7　计算机与网络教室应符合下列规定:

1　平面布置应科合现行国家标准《中小学校设计规范》GB 50099 对计算机教室的规定,且计算机桌应采用全封闭双人单桌,操作台的布置应方便教学;

2　50 座的教室使用面积不应小于 73 m²,25 座的教室使用面积不应小于 54 m²;

3　室内净高不应小于 3.0 m;

4　不应采用易产生粉尘的黑板;

5　各种管线宜暗敷设,竖向管线宜设管井;

6　宜北向开窗;

7　宜配置相应的管理用房;

8　宜与文化信息资悦共手工程服务点、电子图书阅览室合并设置,且合并设置时,应设置国家共享资源接收终端,并应设置统一标识牌。

4.2.8　多媒体视听教室宜具备多媒体视听、数字电影、文化信息资源共享工程服务等功能,并应符合下列规定:

1　可按文化馆的规模和需求,分别设置或合并设置不同功能空间;

2　规模宜控制在每间 100~200 人,且当规模较小时,宜与报告厅等功能相近的空间合并设置;

3　应预留投影机、投影幕、扩声系统、播放机的安装条件;

4　室内装修应满足声学要求,且房间门应采用隔声门。

4.2.9　舞蹈排练室应符合下列规定:

1　宜靠近排演厅后台布置,并应设置库房、器材储藏室等附属用房;

2 每间的使用面积宜控制在 $80\sim200$ m²,用于综合排练室使用时,每间的使用面积宜控制在 $200\sim400$ m²;每间人均使用面积不应小于 6 m²;

3 室内净高不应低于 4.5 m;

4 地面应平整,且宜做有木龙骨的双层木地板;

5 室内与采光窗相垂直的一面墙上,应设置高度不小于 2.10 m(包括镜座)的通长照身镜,且镜座下方应设置不超过 0.30 m 高的通长储物箱,其余三面墙上应设置高度不低于 0.90 m 的可升降把杆,把杆距墙不宜小于 0.40 m;

6 舞蹈排练室的墙面应平直,室内不得设有独立柱及墙壁柱,墙面及顶棚不得有妨碍活动安全的突出物,采暖设施应暗装;

7 舞蹈排练室的采光窗应避免眩光,或设置遮光设施。

4.2.10 琴房应符合下列规定:

1 琴房的数量可根据文化馆的规模进行确定,且使用面积不应小于 6 m²/人;

2 琴房墙面不应相互平行,墙体、地面及顶棚应采用隔声材料或做隔声处理,且房间门应为隔声门,内墙面及顶棚表面应做吸声处理;

3 琴房内不宜有通风管道等穿过,当需要穿过时,管道及穿墙洞口处应做隔声处理;

4 不宜设在温度、湿度常变的位置,且宜避开直射阳光,并应设具有吸声效果的窗帘。

4.2.11 美术书法教室设计应符合下列规定:

1 美术教室应为北向或顶部采光,并应避免直射阳光,人体写生的美术教室,应采取遮挡外界视线的措施;

2 教室墙面应设挂镜线,且墙面宜设置悬挂投影幕的设施,室内应设洗涤池;

3 教室的使用面积不应小于 2.8 m²/人,教室容纳人数不宜超过 30 人,准备室的面积宜为 25 m²;

4 书法学习桌应采用单桌排列,其排距不宜小于 1.20 m,且教室内的纵向走道宽度不应小于 0.70 m;

5 有条件时,美术教室、书法教室宜单独设置,且美术教室宜配备教具储存室、陈列室等附属房间,教具储存室宜与美术教室相通。

4.2.12 图书阅览室宜包括开架书库、阅览室、资料室、书报储藏间等,并应符合下列规定:

1 应设于文化馆内静态功能区;

2 阅览室应光线充足,照度均匀,并应避免眩光及直射光;

3 宜设儿童阅览室,并宜临近室外活动场地;

4 阅览桌椅的排列间隔尺寸及每座使用面积,可按现行行业标准《图书馆建筑设计规范》JGJ 38 执行,阅览室使用面积可根据服务人群的实际数量确定,也可多点设置阅览角;

5 室内应预留布置书刊架、条形码管理系统、复印机等的空间。

4.2.13 游艺室应符合下列规定:

1 文化馆应根据活动内容和实际需要设置大、中、小游艺室,并应附设管理及储藏空间,大游艺室的使用面积不应小于 100 m²,中游艺室的使用面积不应小于 60 m²,小游艺室的使用面积不应小于 30 m²;

2 大型馆的游艺室宜分别设置综合活动室、儿童活动室、老人活动室及特色文化活动室,且儿童活动室室外宜附设儿童活动场地。

## 4.3 业务用房

4.3.1 文化馆的业务用房应包括录音录像室、文艺创作室、研究整理室、计算机机房等。

4.3.2 录音录像室应符合下列规定:

1 录音录像室应包括录音室和录像室,录音室应由演唱演奏室和录音控制室组成,录像室宜由表演空间、控制室、编辑室组成,编辑室可兼作控制室,小型录像室的使用面积宜为 $80\sim130$ m²,室内净高宜为 5.5 m ,单独设置的录音室使用面积可取下限 ,常用录音室、录像室的适宜尺寸应符合表 4.3.2 的规定；

表 4.3.2　常用录音室、录像室的适宜尺寸

| 类型 | 适宜尺寸(高:宽:长) |
| --- | --- |
| 小型 | 1.00:1.25:1.60 |
| 标准型 | 1.00:1.60:2.50 |

2　大型馆可分设专用的录音室和录像室,中型馆可分设也可合设录音室和录像室,小型馆宜合设为录音室和录像室；

3　录音录像室应布置在静态功能区内最为安静的部位,且不得邻近变电室、空调机房、锅炉房、厕所等易产生噪声的地方,其功能分区宜自成一区；

4　录音录像室的室内应进行声学设计,地面宜铺设木地板,并应采用密闭隔声门,不宜设外窗,并应设置空调设施；

5　演唱演奏室和表演空间与控制室之间的隔墙应设观察窗；

6　录音录像室不应有与其无关的管道穿越。

4.3.3　文艺创作室应符合下列规则：

1　文艺创作室宜由若干文学艺术创作工作间组成,且每个工作间的使用面积宜为 12 m² ；

2　应设在静区,并宜与图书阅览室邻近；

3　设在适合自然采光的朝向,且外窗应设有遮光设施。

4.3.4　研究整理室应符合下列规定：

1　研究整理室应由调查研究室、文化遗产整理室和档案室等组成,有条件时,各部分宜单独设置；

2　应具备对当地地域文化、群众文化、群众艺术和馆藏文物、非物质文化遗产开展调查、研究的功能,并应具备鉴定编目的功能,也可兼作本馆出版物编辑室,使用面积不宜小于 24 m² ；

3　应设在静态功能区,并宜邻近图书阅览室集中布置；

4　文化遗产整理室应设置试验平台及临时档案资料存放空间；

5　档案室应设在干燥、通风的位置,不宜设在建筑的顶层和底层,资料储藏用房的外墙不得采用跨层或跨间的通长窗,其外墙的窗墙比不应大于 1:10；

6　档案室应采取防潮、陈蛀、防鼠措施,并应设置防火和安全防范设施,门窗应为密闭的,外窗应设纱窗,房间门应设防盗门和甲级防火门；

7　对于档案室的门,高度宜为 2.1 m,宽度宜为 1.0 m,室内地面、墙面及顶棚的装修材料应易于清扫、不易起尘；

8　档案室内的资料储藏宜设置密集架、档案柜等装具,且装具排列的主通道净宽不应小于 1.20 m,两行装具间净宽不应小于 0.80 m,装具端部与墙的净距离不应小于 0.60 m；

9　档案室应防止日光直射,并应避免紫外线对档案、资料的危害；

10　档案资料储藏用房的楼面荷载取值可按现行行业标准《档案情建筑设计规范》JGJ 25 执行。

4.3.5　计算机机房应包括计算机网络管理、文献数字化、网站管理等用房,并应符合现行国家标准《电子信息系统机房设计规范》GB 50174 的有关规定。

## 4.4　管理、辅助用房

4.4.1　文化馆的管用用房应由行政办公室、接待室、会议室、文印打字室及值班室等组成,且应设于对外联系方便、对内管理便捷的部位,并宜自成一区。管理用房的建筑面积可按现行行业标准《办公建筑设计规范》JGJ 67 的有关规定执行。辅助用房应包括休息室,卫生、洗浴用房,服装、道具、物品仓库,档案室、资料室、车库及设备用房等。

4.4.2 行政办公室的使用面积宜按每人 5 m² 计算,且最小办公室使用面积不宜小于 10 m²。档案室、资料室、会计室应设置防火、防盗设施。接待室、文印打字室、党政办公室宜设置防火、防盗设施。

4.4.3 卫生、洗浴用房应符合下列规定:

1 文化馆建筑内应分层设置卫生间;

2 公用卫生间应设室内水冲式便器,并应设置前室,公用卫生间服务半径不宜大于 50 m,卫生设施的数量应按男每 40 人设一个蹲位、一个小便器或 1 m 小便池,女每 13 人设一个蹲位;

3 洗浴用房应按男女分设,且洗浴间、更衣间应分别设置,更衣间前应设前室或门斗;

4 洗浴间应采用防滑地面,墙面应采用易清洗的饰面材料;

5 洗浴间对外的门窗应有阻扫视线的功能。

4.4.4 服装、道具、物品仓库应布置在相应使用场所及通道附近,并应防潮、通风,必要时可设置机械排风。

4.4.5 设备用房应包括锅炉房、水泵房、空调机房、变配电间、电信设备间、维修间等。设备用房应采取措施,避免粉尘、潮气、废水、废渣、噪声、振动等对周边环境造成影响。

# 5 建 筑 设 备

## 5.1 给 水 排 水

5.1.1 文化馆建筑应设有室内给水排水系统。

5.1.2 给水排水及消防的管道不应穿越变配电间、计算机机房、控制室、档案室的藏品区等房间,且不应在遇水可能发生事故或造成严重损失的设备或物品上方通过。

5.1.3 排水管道不宜穿越排演厅、文化教室、计算机与网络教室、舞蹈排练室、琴房、图书阅览室、录音录像室、文艺创作室等房间。

5.1.4 当文化馆内设有生活热水系统时,应根据当地气候条件,优先选用太阳能热水系统。

5.1.5 绿化、冲厕以及洗车等非饮用水,宜采用再生水、雨水等非传统水源。

5.1.6 群众活动用房应设置饮用水设施。

## 5.2 采暖通风空调

5.2.1 设置集中采暖系统的文化馆应采用热水为热媒。设置在舞蹈排练室、儿童活动房间的散热器应采取防护措施。

5.2.2 文化馆各类房间的采暖室内计算温度应符合表 5.2.2 的规定。

表 5.2.2 采暖室内计算温度

| 房间名称 | 室内计算温度/℃ |
|---|---|
| 报告厅、展览陈列厅、图书阅览室、观演厅、各类教室、音乐、文学创作室、办公室等 | 18 |
| 舞蹈排练室、琴房、录音录像棚、摄影、美术工作室 | 20 |
| 设备用房、服装、道具、物品仓库 | 14 |

5.2.3 设置采暖设施的房间的通风应符合下列规定:

1 应有良好的自然通风条件,当与不能满足卫生要求时,应设机械通风系统,且送风量可按排风量的 80%～90% 计算;

2 观演厅、文化教室等宜按 2～3 次/h 排风量计算,图书阅览室、办公室等房间宜按 1～2 次/h 计算,并应同时满足人员最小新风量需求。

5.2.4 当设置空调系统时,一般房间及门厅、走廊等的室内设计参数及新风量应符合现行国家标准《公共建筑节能设计标准》GB 50189 的规定;舞蹈排练室、排演厅、多媒体视听教室、计算机与网络教室、档案室等对温、湿度有特殊要求的房间,应设置通风、除湿或空调设施。

5.2.5　琴房相对湿度宜控制在 40%～70% 。

5.2.6　采暖、空调水系统管道不应穿越变配电间、计算机机房、控制室、档案室的藏品区等。当房间内需设置散热器时,应采取防止渗漏措施。

5.2.7　卫生间、洗浴间应设置独立的排风系统。

<h2>5.3　建筑电气</h2>

5.3.1　报告厅、计算机与网络教室、计算机机房、多媒体视听教室、录音录像室、电子图书阅览室、维修间等场所宜设置专用配电箱,且设备用电宜采用单独回路供电。

5.3.2　排演厅与室外活动场地的舞台灯光与音响设备电源应符合下列规定:

1　排演厅应预留舞台灯光、音响设备电源,且观众厅规模在 300 座及以上时,其舞台灯光与音响设计的电源配置应按照小型剧场的要求设置,观众厅规模小于 300 座时,可简化,并宜预留备用配电回路与电气容量;

2　排演厅的舞台灯光应配置电动升降吊杆;

3　室外活动场地应预留舞台灯光与音响设备电源,且电源位置可选在相邻的建筑物处,其配电箱或柜的外壳防护等级不应低于 IP54,其低压配电系统接地形式应采用 TT 系统;

4　舞台灯光与音响设备电源应分别采用专用干线供电。

5.3.3　展览陈列厅照明应符合下列规定:

1　应采用混合照明方式;

2　展览陈列位置应预留备用配电回路与电气容量;

3　展品在灯光作用下易褪色或变质且较为贵重时,应选用紫外线少的光源或灯具,也可采取临时措施减少电光源对展品的损伤;

4　照明线路宜采用封闭式金属槽盒或插接式照明母线方式配线,重要展品上方的灯具及明敷管线宜采取防坠落保护措施;

5　每个展位均应设置电源插座,展位不能确定时应在适当位置预留墙壁或地面插座,并应预留多媒体及数字放映设备电源插座。

5.3.4　报告厅、多媒体视听教室等场所,应设置扩声系统电源,并应预留投影仪、计算机等设备的电源插座。

5.3.5　展览陈列厅、琴房、教室、文艺创作室、录音录像室等场所,应设置电源插座,且插座数量应满足需求;电子图书阅览室应设置电子阅览设备、打印机等电源插座。

5.3.6　设有黑板的教室应设置黑板照明。

5.3.7　舞蹈排练室宜采用嵌入式或吸顶式照明灯具。

5.3.8　美术书法教室应采用显色指数(Ra)不低于 90 的照明光源。

5.3.9　无特殊照明要求的场所应选用高效节能的光源、灯具及其附件。

5.3.10　指示灯、标志灯应选用 LED 、直管形荧光灯或紧凑型荧光灯等瞬时启动光源。

5.3.11　照明控制应有利于节能和管理,并应优先利用天然光。

5.3.12　设有中央空调系统或变冷媒流量多联空调系统的场所,应设置节能控制装置。

5.3.13　各类用房室内线路宜采用暗敷设方式。多媒体视听教室、计算机与网络教室等场所宜设置防静电地板,且语音、数据、设备电源等线路宜采用地面线槽沿静电地板下布线。

5.3.14　演唱演奏室和表演空间与控制室之间应预留信号 、视频与音频管路。

5.3.15　电子图书阅览室、文化信息资源共享工程服务点、多媒体视听教室、报告厅、各类教室、研究整理室、创作室、办公室等场所,应设置计算机网络接口。

5.3.16　文化教室、公共活动场所及室外广场附近的建筑物等,应设置有线电视接口。

5.3.17　文化馆的公共部位应设置公用电话接口及计算机网络接口。

5.3.18 排演厅、报告厅应设置音响扩声系统。

5.3.19 文化馆的电气设计应满足房间互换和增加设备的需求。

引用标准名录

1.《建筑抗震设计规范》GB 50011

2.《建筑设计防火规范》GB 50016

3.《建筑采光设计标准》GB 50033

4.《中小学校设计规范》GB 50099

5.《电子信息系统机房设计规范》GB 50174

6.《公共建筑节能设计标准》GB 50189

7.《剧场、电影院和多用途厅堂建筑声学设计规范》GB/T 50356

8.《厅堂扩声系统设计规范》GB 50371

9.《绿色建筑评价标准》GB/T 50378

10.《元障碍设计规范》GB 50763

11.《档案馆建筑设计规范》JGJ 25

12.《图书馆建筑设计规范》JGJ 38

13.《剧场建筑设计规范》JGJ 57

14.《博物馆建筑设计规范》JGJ 66

15.《办公建筑设计规范》JGJ 67

# 7.3 设计任务书

## 1. 任务书一："某市区级青少年活动中心"设计任务书

1）教学目的

青少年活动中心是一个集办公、娱乐、休闲、学习为一体的城市公共建筑,通过此次设计,学生应了解并初步掌握以下几点内容。

① 理解并掌握具有综合功能要求的休闲、学习、娱乐公共建筑的设计步骤。

② 理解综合解决建筑功能、建筑环境关系的重要性。

③ 初步获得解决建筑功能、技术、建筑艺术等相互关系的能力。

④ 初步理解建筑室外环境的设计原则和建立室外环境的设计观念。

2）设计任务与要求

（1）规划要求

某城市某区,为满足本市区青少年课余活动的需求,获得青少年德、智、体、美的全面发展,促进少年儿童的全面发展,拟在市区公园内滨水地段设置青少年活动中心。建筑高度不超过 24 m,用地面积约为 3195 m²。地块位于城市公园内,用地平坦,西南侧临城市人工湖,景观面良好,交通便利,具体见地形图。

（2）设计任务书及要求

① 要求平面功能合理,空间构成流畅、自然,室内外空间组织协调。

② 结合基地环境,处理好公园环境与建筑的关系,建筑不应超出建筑控制线,应考虑滨水绿地的整体环境设计,建筑控制线退红线不小于 5 m,临湖处退红线不小于 10 m。

③ 保证良好的采光和通风条件,创造较好的室外使用空间。

④ 建筑立面考虑青少年活动中心建筑的文化特点,应考虑造型有特色,立面新颖。

（3）技术经济指标要求

① 总建筑面积控制在 2500 m² 以内(按轴线计算,上下浮动不超过 10%)。

② 建筑密度不大于 40%,绿地面积大于等于 30%。

③ 地面停车位不超过 10 辆,另设置面积不小于 200 m² 的非机动车停车场。

（4）房间组成及要求

① 青少年活动用房:总面积 540~560 m²;多功能厅:240 m²,兼作报告厅,多功能厅应考虑布置音控室及设备用房,每间 12~15 m²;展览用房:80 m²,可结合门厅、休息厅开敞布置,也可布置为展览走廊;交流用房:240 m²,包括茶座、活动室等。

② 青少年辅导用房:总面积 400 m²;综合排练厅:160 m²;各类专业教室:240 m²,其中书法教室 80 m²,语言教室 80 m²,微机教室 80 m²。

③ 专业辅导用房:总面积 280~300 m²;美术工作室:80 m²;音乐工作室:80 m²;摄影工作室:应考虑暗房冲洗间,80 m²;学生期刊编辑室:60 m²。

④ 公共服务用房:总面积 280~300 m²。值班管理室:20~30 m²。开水间:10~15 m²。茶室:60~80 m²。小卖部:30~40 m²。门厅、休息厅、厕所、库房等面积由设计者自定,另可根据设计情况考虑设置其他功能房间。青少年工作用房:总面积 180~200 m²。各类办公室:20×4 m=80 m²。小型会议室:40 m²。播音广播站:80 m²,含播音室、录音室、编辑室、机房等。

以上房间为使用面积,交通面积自定。

在平面功能设计中,应注意合理组织水平及竖向交通流线,房间的动静、内外分区等基本问题。

3）设计成果内容及要求

（1）图纸要求

白色 A1 绘图纸 2~4 张,图纸须有统一的图名和图号,可以进行个性化的图签设计。墨线图的表达必须符合建筑制图规范的要求,透视图应选用水彩渲染图、水粉画、钢笔淡彩等表现手法。

（2）图纸内容

图纸中具体内容如表 7-2 所示。

表 7-2　图纸内容

| 图纸内容 | 比　　例 | 表达内容及要求 |
| --- | --- | --- |
| 总平面图 | 1:500 | 画出准确的屋顶投影并注明层数,注明各建筑出入口的性质和位置;画出详细的室外环境布置(包括道路、广场、绿化、小品等),正确表现建筑环境与道路的交接关系;注明指北针 |
| 各层平面图 | 1:100 | 应注明各房间名称(禁用编号);首层平面图应表现局部室外环境,画剖切标志;各层平面均应表面标高,同层中有高差变化时亦须注明,包括用地环境设计、室内家具、卫生设备布置 |
| 立面图(2 个) | 1:100 | 表示主入口立面或沿街立面,要求画配景。制图要求区分粗细线来表达建筑立面各部分的关系 |
| 剖面图(1 个) | 1:100 | 剖在门厅、楼梯或高差变化多的部分,标注标高(室内外地面标高、层高标高) |
| 透视图(1 个) | 自定 | 透视图为墨线或淡彩 |
| 说明及经济技术指标 | | 简要说明方案特点以及经济技术指标 |

4）评分标准

① 效果图及图面表达,30%。

② 各层平面功能及空间关系,25%。

③ 各立面图,10%。

④ 各剖面图,10%。

⑤ 总平面图,20%。

⑥ 设计说明及经济技术指标,5%。

**注**:若正图上有多处制图不符合制图规范要求、图面表达效果很差,经教师集体评阅为不合格者,该次作业成绩即为不合格。

5) 进度安排

进度安排如表 7-3 所示。

表 7-3　进度安排

| 时间 | 课程内容 | 作业要求 |
|---|---|---|
| 第一周 | 理论讲授 | 实地调研 |
| 第二、三周 | 资料收集与总结、分析,创意与初步构思,建筑与环境设计一草 | 收集资料,理解任务书,环境分析,明确方案思路,提出自己的创意与总构思,以概念草图表达清楚 |
| 第四周 | 建筑与环境设计一草 | ① 总平面图:1:500;<br>② 平面图:1:200;<br>③ 徒手作透视图 |
| 第五、六周 | 建筑与环境设计二草 | ① 总平面图:1:500;<br>② 平面图:1:200;<br>③ 立面图:1:200 |
| 第七周 | 建筑设计正草<br>环境设计正草 | ① 平面图:1:100,主要房间布置家具,需有设计说明;<br>② 立面图:1:100;<br>③ 剖面图:1:100;<br>④ 总平面图:1:500;<br>⑤ 透视图;<br>⑥ 基地内绿化和环境设计 |
| 第八周 | 正图 | 周五下午不交图者无成绩 |

注:①所有图纸均为手绘,非手绘图纸按 0 分计;

②不能按时交正图的,扣该次设计正图成绩,每迟交一天扣 5 分。

6) 参考资料

① 刘振亚主编《休闲娱乐建筑设计》,中国建筑工业出版社出版。

② 建筑资料集编委会编《建筑设计资料集》(第二版),中国建筑工业出版社出版。

③ 彭一刚著《建筑空间组合论》(第二版),中国建筑工业出版社出版。

④ 张绮曼、郑曙旸主编《室内设计资料集》,中国建筑工业出版社出版。

⑤ 现行建筑设计规范,如《建筑制图标准》(GB/T 50104—2010)、《民用建筑设计通则》(GB 50352—2005)、《建筑设计防火规范》(GB 50016—2014)。

7) 地形图

地形图如图 7-14 所示。

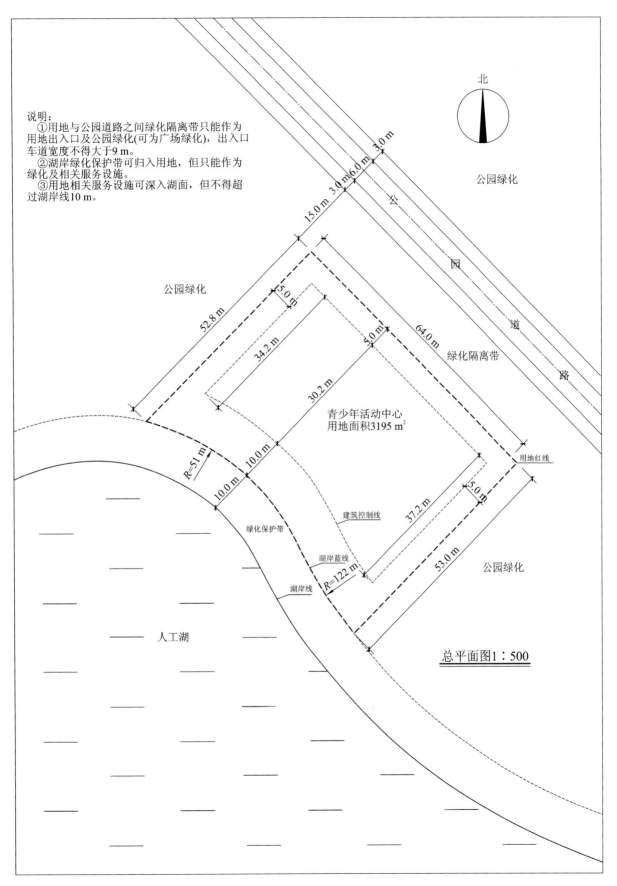

说明：
①用地与公园道路之间绿化隔离带只能作为用地出入口及公园绿化(可为广场绿化)，出入口车道宽度不得大于9 m。
②湖岸绿化保护带可归入用地，但只能作为绿化及相关服务设施。
③用地相关服务设施可深入湖面，但不得超过湖岸线10 m。

北

公园绿化

公园绿化

15.0 m 3.0 m 6.0 m 3.0 m

52.8 m

5.0 m

5.0 m

34.2 m

30.2 m

64.0 m 绿化隔离带

青少年活动中心
用地面积3195 m²

公 园 道 路

用地红线

R=51 m

10.0 m

10.0 m

绿化保护带

建筑控制线

37.2 m

5.0 m

53.0 m

公园绿化

湖岸蓝线

R=122 m

湖岸线

人工湖

总平面图1：500

图 7-14 地形图

**2. 任务书二:大学生文化馆设计任务书**

1) 设计综述

(1) 建设地点

北方某大学校园内。

(2) 用地概况

场地北高南低,有 6% 的坡度。该用地西侧为学生宿舍区,东侧为教师宿舍区,南侧为校园主路,西南侧为教学楼,东南侧为校园绿化区,并有优美湖景。四周均有道路与用地相连,用地尺寸见地形图。

2) 设计内容

总建筑面积:3000 $m^2$(可浮动 10%)。

(1) 校学生会办公用房

① 各部办公室:$20 \times 6$ $m^2 = 120$ $m^2$。

② 小会议室:40 $m^2$。

③ 校广播站:60 $m^2$(含播音室、录音室、编辑室、机房等)。

(2) 主要活动用房

① 多功能厅:320 $m^2$(小型集会厅、报告厅兼舞厅)。

② 展览:120 $m^2$(也可结合门厅、休息厅布置)。

③ 茶座:80 $m^2$。

④ 美术工作室:60 $m^2$。

⑤ 书法活动室:60 $m^2$。

⑥ 摄影工作室:(含暗室)60~80 $m^2$。

⑦ 学生会期刊编辑部及文学创作室:60 $m^2$。

⑧ 音乐工作室:60 $m^2$。

⑨ 舞蹈工作室:60 $m^2$。

⑩ 排练厅(兼健身房):100 $m^2$。

⑪ 大会议室:60 $m^2$。

(3) 辅助用房

① 值班管理室:20 $m^2$。

② 开水间:10 $m^2$(可与盥洗室结合)。

③ 更衣室、淋浴室:60 $m^2$。

④ 门厅、休息厅、厕所和备品室、衣帽间和库房面积由设计者自定。

依据建筑设计规范设置楼梯、大厅、走廊等交通空间,合理设置卫生间。

3) 设计要求

① 紧密结合基地环境,处理好校园环境和建筑的关系,以及室内外环境。绿地面积不小于 30%。

② 要考虑项目所在地区的气候特征。

③ 要考虑并体现高校文化建筑的特点,体现当代大学生的精神风貌,与校园环境相互协调。

④ 功能合理、室内外空间组织合理、流线畅通,并满足使用人的行为要求。

⑤ 技术上合理、可行。

4) 教学目的

① 掌握文化馆建筑分析、综合、设计和评价的方法。

② 掌握建筑空间设计与组合的基本原理和设计方法。

③ 学习收集、分析和利用相关建筑设计资料的方法。

5）设计成果要求

（1）总平面图

① 比例：1∶500。

② 要求：画出准确的屋顶平面并注明层数，注明各建筑出入口的性质和位置；画出详细的室外环境布置，正确表现建筑与道路、环境的交接关系；注明指北针。

（2）各层平面图

① 比例：1∶200。

② 要求：注明各房间名称（禁用编号）；首层平面图应表现局部室外环境，画剖切标志；各层平面均应标注标高，同层中有高差变化时须注明。

（3）2 个主要立面图

① 比例：1∶200。

② 要求：至少一个应看到主入口，制图要求用粗细线来表达建筑立面各部分的关系。

（4）至少 2 个剖面图

① 比例：1∶200。

② 要求：应选在具有代表性之处，应注明室内外、各楼地面及檐口标高。

（5）透视图（应为彩色，表现方式不限）

要求：应看到主入口，可结合表现于图纸中。

（6）设计说明

要求：所有字应用仿宋字整齐书写，禁用手写体。

① 设计构思说明。

② 技术经济指标：总建筑面积、总用地面积、建筑密度、建筑容积率、绿化率、建筑高度等。

（7）图幅要求

2 号标准图纸。

6）进度安排

进度安排如表 7-4 所示。

表 7-4　进度安排

| 时间 | 课程内容 | 作业要求 |
| --- | --- | --- |
| 第 1 周 | 理论教学 | 考察基地，分析环境，收集资料，构思设想（图示＋文字） |
| 第 2 周 | 一草 | 多向发散构思，2 个以上构思方案 |
| 第 3 周 | 二草 | 平面流线、空间组织、建筑形象，突出方案个性 |
| 第 4 周 | 深入设计（一） | 整体环境、平、立、剖面图（尺规表现） |
| 第 5 周 | 深入设计（二） | 结构技术与建筑空间整合 |
| 第 6 周 | 深入设计（三） | 细部推敲，造型语汇提炼 |
| 第 7 周 | 定稿 | 平、立、剖面图，设计说明，透视小稿及分析图 |
| 第 8 周 | 集中上版 | 完成正图，透视图的绘制，交图 |

7）参考资料

①《文化馆建筑设计规范》（JGJ/T 41—2014）。

②《建筑设计资料集》编委会编《建筑设计资料集》第 4 集，中国建筑工业出版社出版。

③ 胡仁禄编著《休闲娱乐建筑设计》，中国建筑工业出版社出版。

④《文化馆建筑设计方案图集》编写组编《文化馆建筑设计方案图集》，中国建筑工业出版社出版。

⑤《全国大学生建筑设计竞赛获奖方案集》。

⑥《公共建筑设计系列》中有关教育建筑的设计方案。

⑦《建筑学报》《新建筑》《世界建筑》《世界建筑导报》等期刊。

8）地形图

地形图如图 7-15 所示。

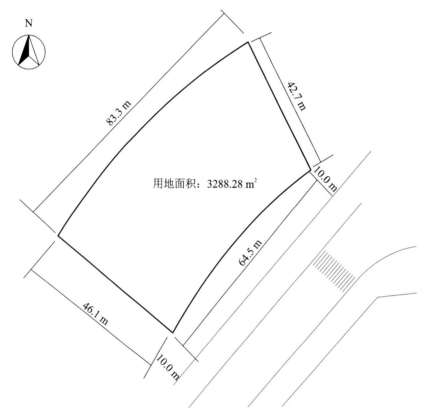

图 7-15　地形图

## 7.4 作业范例及评析

**1. 青少年活动中心设计一**（2015 级城乡规划专业，邓秋月）

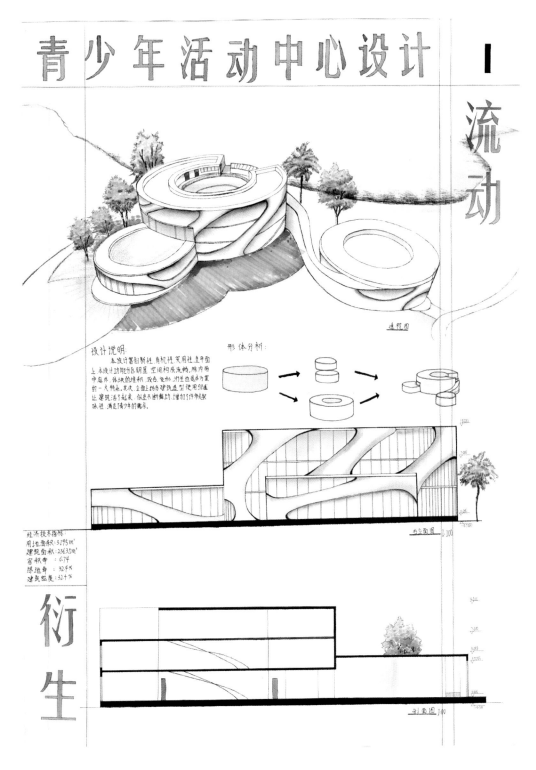

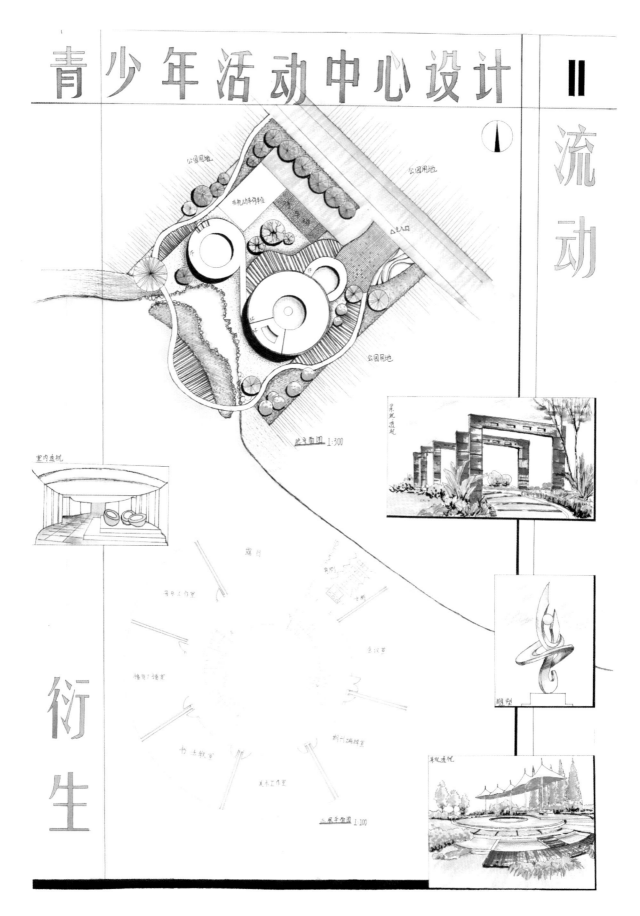

青少年活动中心设计

流动

衍生

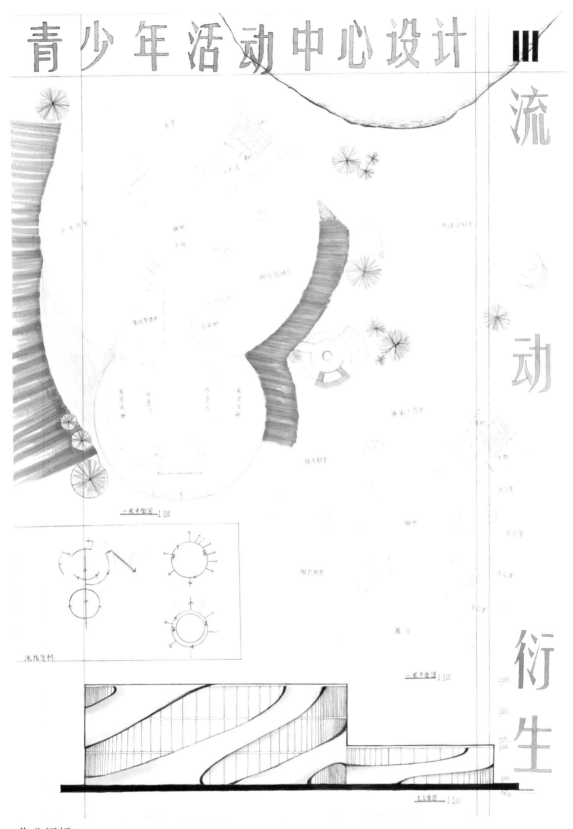

作业评析:

　　该作业在造型上做到了创新,建筑的立面设计也做到了虚实结合,满足文化馆新颖、现代的特色,缺点在于过于追求造型,导致平面房间呈现不规则状,不利于平面布置。

## 2. 青少年活动中心设计二（2015 级城乡规划专业，李秋会）

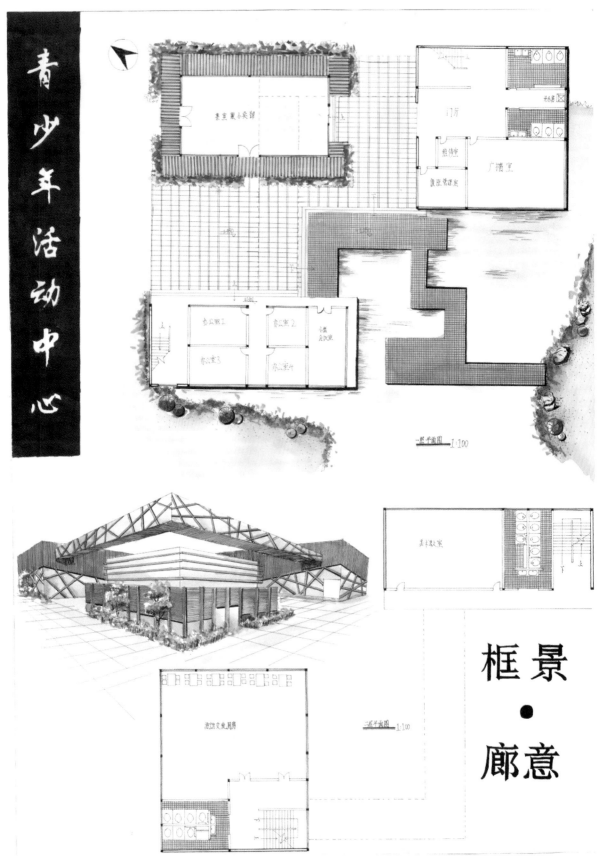

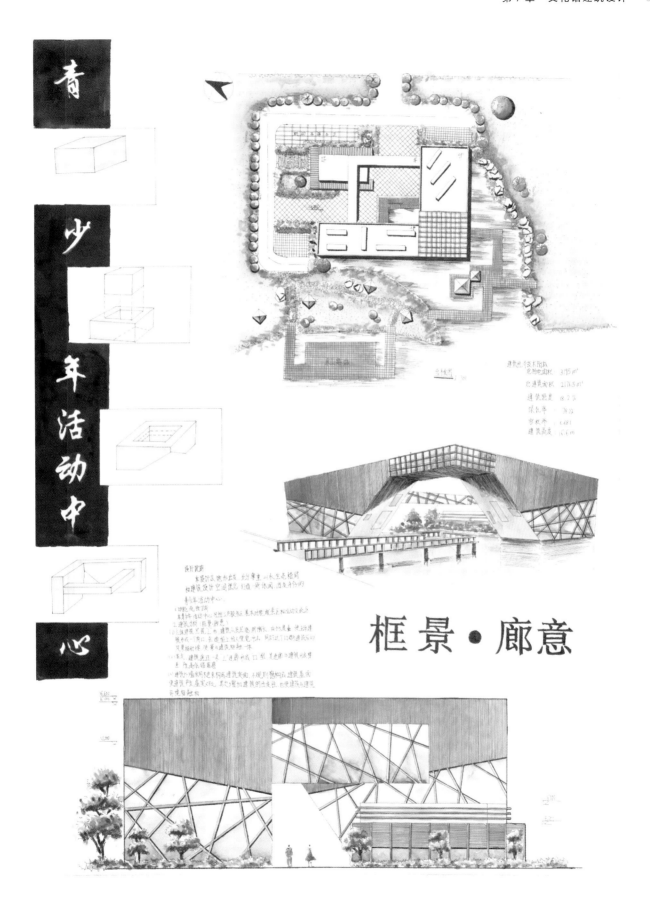

框景·廊意

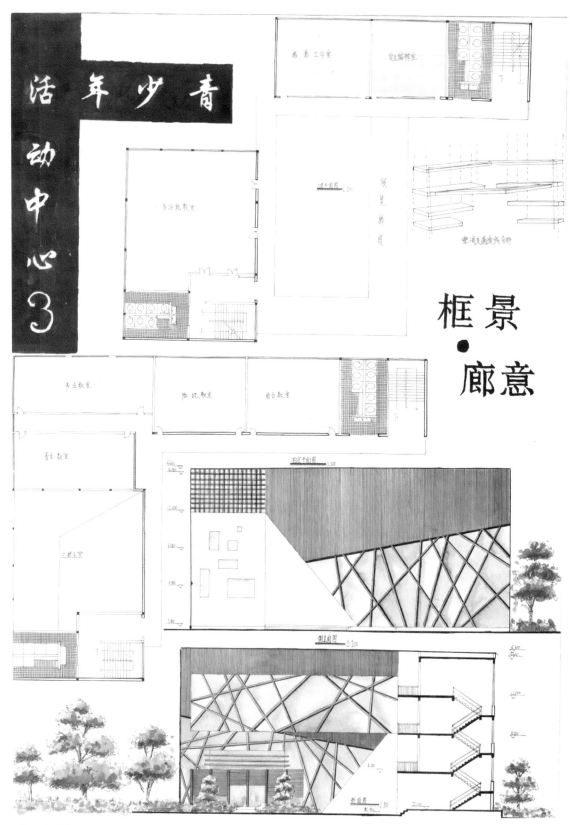

作业评析:

　　该作业设计非常大胆,用色也很协调,达到了很好的图面效果,平面布置也非常合理,但是造型稍显单调,应再增加一些层次变化。

**3.** 青少年活动中心设计三（**2015 级城乡规划专业，梁桂秋**）

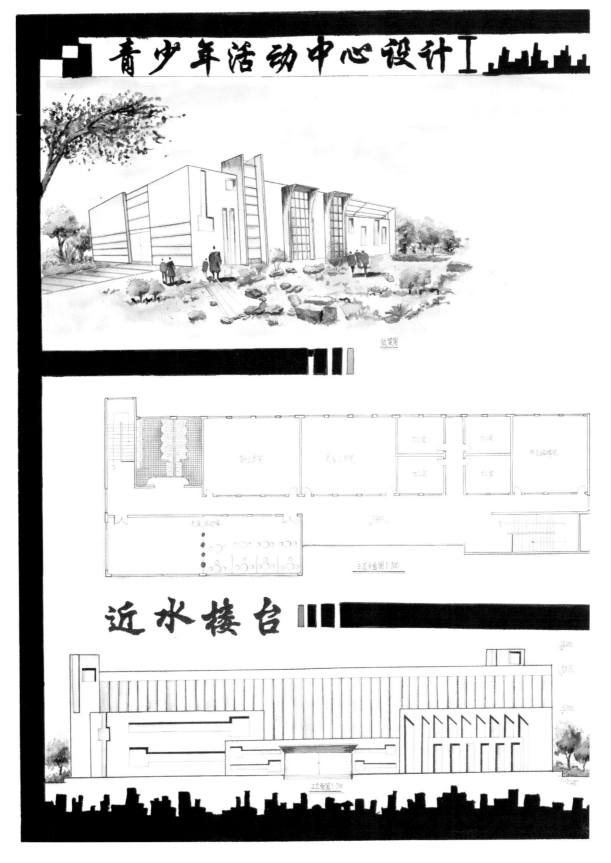

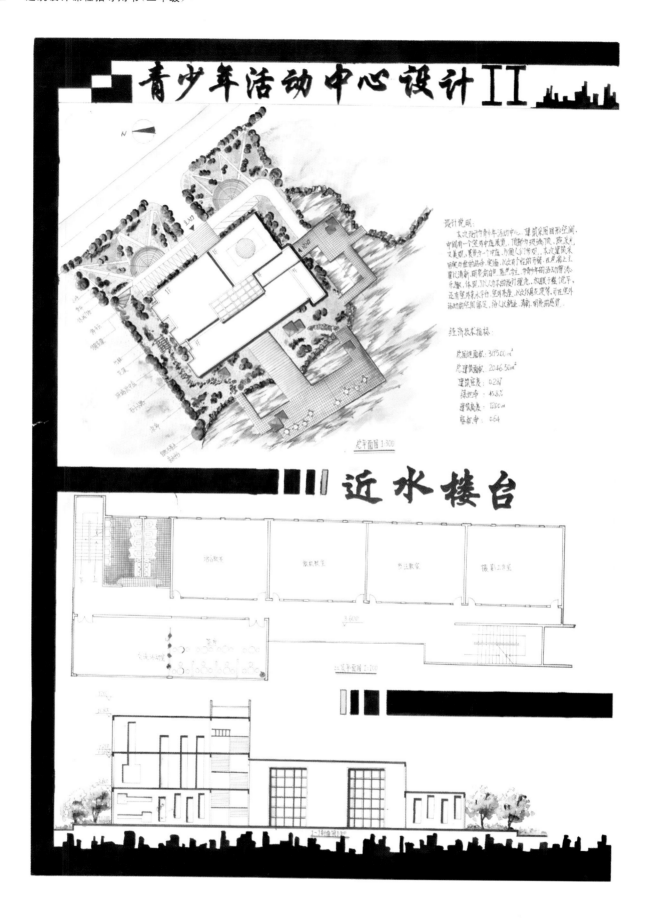

青少年活动中心设计 II

近水楼台

设计说明:

经济技术指标:

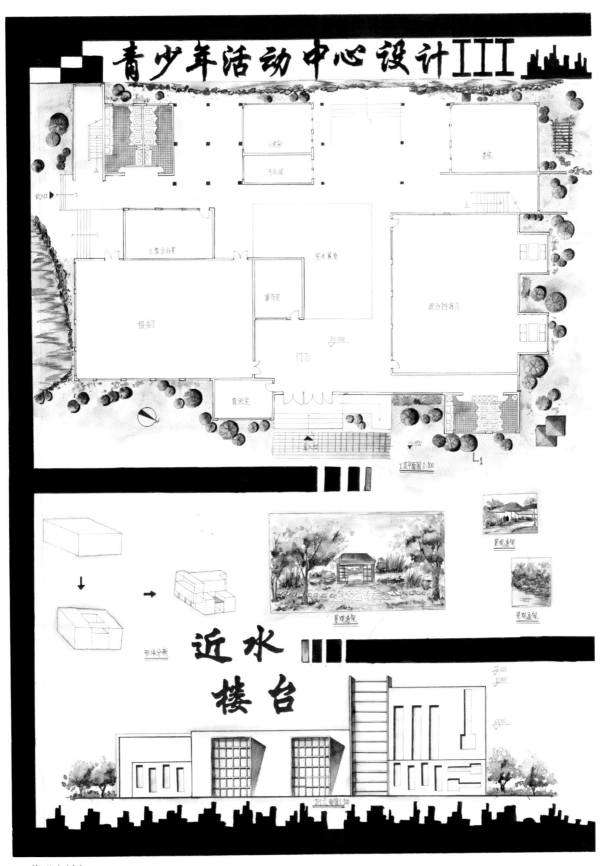

作业评析:

该作业的立面设计很好,窗户的设计和排列次序值得学习,缺点为造型太过规矩,没有新意。

## 4. 青少年活动中心设计四（2015级城乡规划专业，罗佳）

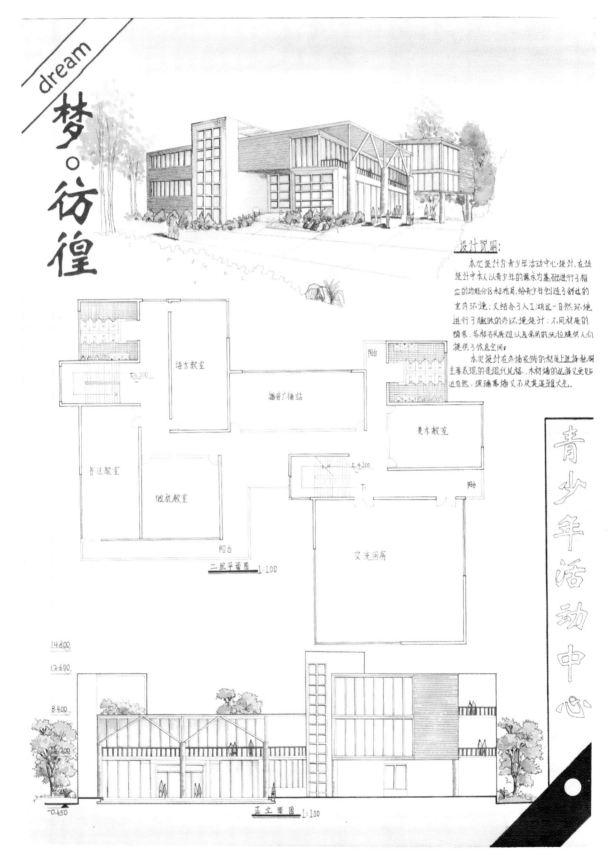

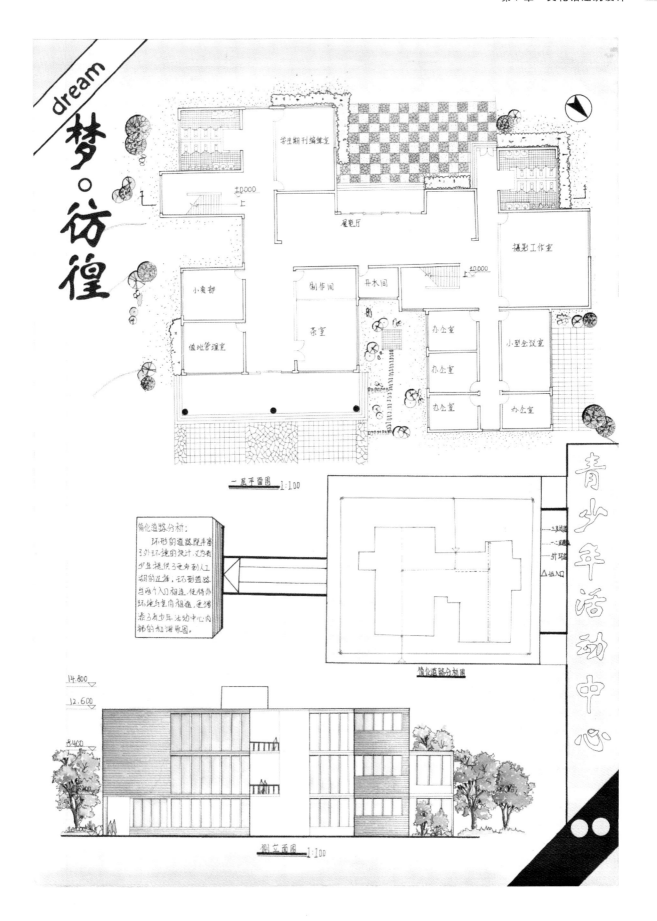

一层平面图 1:100

简化道路分析图

侧立面图 1:100

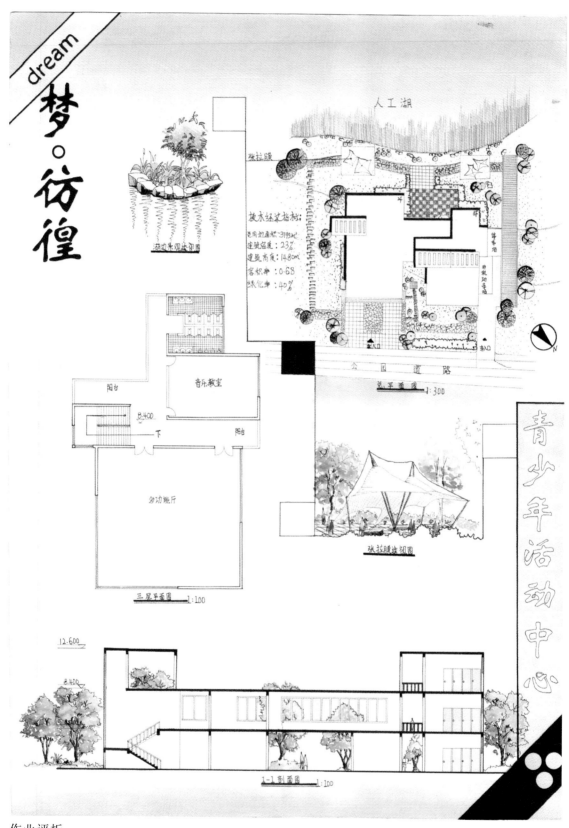

作业评析:

　　该作业虽然整体排版略显一般,但是建筑造型体块组合非常和谐,各个部分的穿插组合都处理得很好。

**5. 青少年活动中心设计五（2015 级城乡规划专业，王志键）**

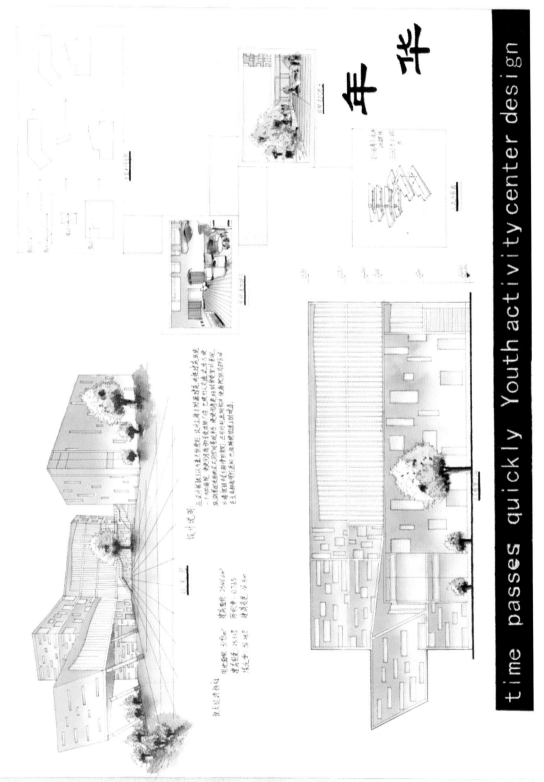

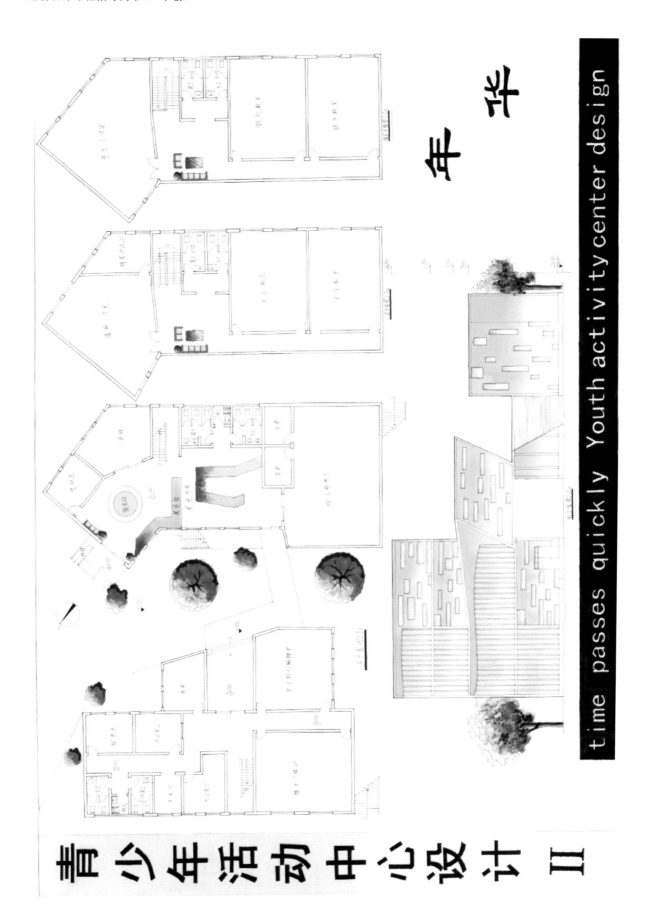

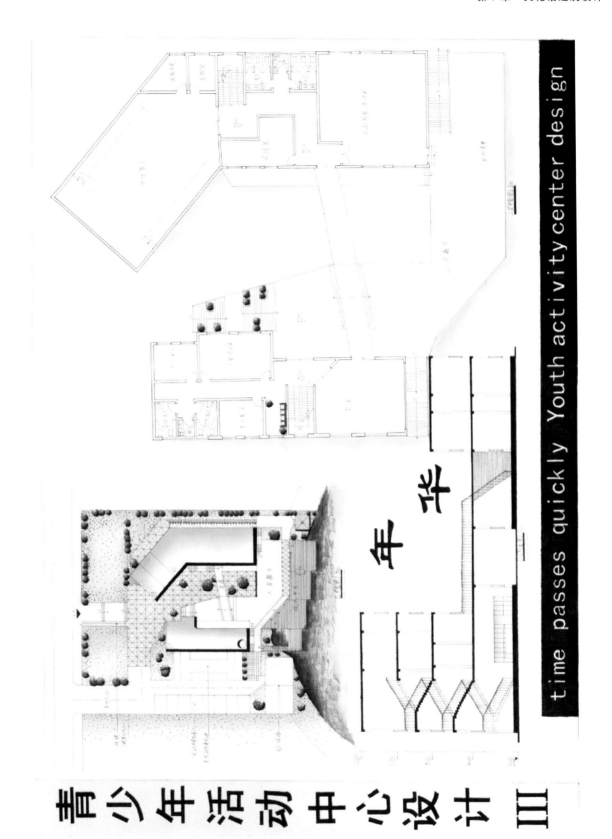

作业评析：

　　该作业的设计造型非常独特，用色大胆，开窗形式很有新意，如果想要采用这样的立面形式，一定要注意其与内部空间的关系，不能为了造型而牺牲功能。

# 参 考 文 献

［1］住宅设计资料集编委会编.住宅设计资料集[M].中国建筑工业出版社.1999.

［2］建筑设计资料集总编委会编.建筑设计资料集[M].中国建筑工业出版社.2001.

［3］李延龄.建筑课程设计指导任务书[M].中国建筑工业出版社.2010.

［4］卢济威,王海松.山地建筑设计[M].中国建筑工业出版社.2001.

［5］中华人民共和国住房和城乡建设部.住宅设计规范(GB 50096—2011)[M].中国建筑工业出版社.2011.

［6］中华人民共和国建设部.民用建筑设计通则(GB 50352—2005)[M].中国建筑工业出版社.2005.

［7］中华人民共和国住房和城乡建设部.建筑设计防火规范(GB 50016—2014)[M].中国建筑工业出版社.2014.

［8］中华人民共和国建设部.饮食建筑设计标准(JGJ 64—2017)[M].中国建筑工业出版社.1989.

［9］中华人民共和国住房和城乡建设部.文化馆建筑设计规范(JGJ/T 41—2014)[M].中国建筑工业出版社.2014.

［10］中华人民共和国住房和城乡建设部.中小学校设计规范(GB 50099—2011)[M].中国建筑工业出版社,2011.

［11］张绮曼,郑曙旸.室内设计资料集[M].中国建筑工业出版社.1991.

［12］彭一刚.建筑空间组合论[M].中国建筑工业出版社.1998.

［13］爱德华·T·怀特.建筑语汇[M].林敏哲,林明毅,译.大连理工大学出版社.2001.

［14］全国高等学校建筑学专业指委会编.全国大学生建筑设计竞赛获奖方案集[M].中国建筑工业出版社.2001.

［15］邓雪娴,等.餐饮建筑设计[M].中国建筑工业出版社.1999.

［16］胡仁禄.休闲娱乐建筑设计(第二版)[M].中国建筑工业出版社.2011.

［17］李志民,张宗尧.中小学建筑设计[M].中国建筑工业出版社.2009.

［18］张宗尧,赵秀兰.托幼、中小学校建筑设计手册[M].中国建筑工业出版社.1999.

［19］张宗尧,赵秀兰.中小学建筑设计[M].中国建筑工业出版社.2000.

［20］吴德基.观演建筑设计手册[M].中国建筑工业出版社.2007.

［21］文化馆工作概论编著组.文化馆工作概论[M].延边人民出版社.1985.

［22］陈述平,张宗尧.文化娱乐建筑设计[M].中国建筑工业出版社.2000.

［23］刘振亚.当代观演建筑[M].中国建筑工业出版社.1999.

［24］《建筑学报》等.